技术的本质

社会与自然共构的技术命运

竺长安　张志建　著

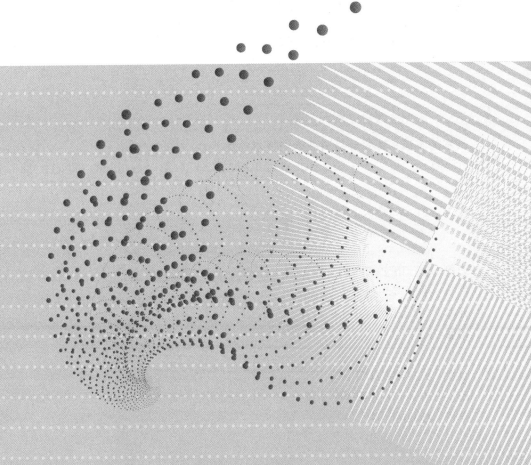

中国科学技术大学出版社

内容简介

本书基于人类文明发展历程,通过展示和分析农业、机械、电子、人工智能(软件)等行业技术的发展路径,深入剖析行业技术如何受自然限制从而被迫塑造各自边界,探讨人类欲望如何驱动技术走向。书中借助哲学、社会学、经济学等多学科理论,提供跨学科观点,并结合丰富案例揭示作者独到的观察结果和创新的行业分析方法,旨在为行业从业者、市场决策者和基金投资人士提供深刻的技术理解和创新视角,为其决策和实践带来启示。

图书在版编目(CIP)数据

技术的本质:社会与自然共构的技术命运/竺长安,张志建著. --合肥:中国科学技术大学出版社,2024.6. --ISBN 978-7-312-06050-2

Ⅰ. N0

中国国家版本馆 CIP 数据核字第 2024L3D030 号

技术的本质：社会与自然共构的技术命运

JISHU DE BENZHI：SHEHUI YU ZIRAN GONGGOU DE JISHU MINGYUN

出版 中国科学技术大学出版社

安徽省合肥市金寨路96号,230026

http://press.ustc.edu.cn

https://zgkxjsdxcbs.tmall.com

印刷 合肥市宏基印刷有限公司

发行 中国科学技术大学出版社

开本 710 mm×1000 mm　1/16

印张 8.5

字数 155千

版次 2024年6月第1版

印次 2024年6月第1次印刷

定价 45.00元

前　言

在漫长的历史中,人类未曾停止过对周边环境的探索,这种探索的本能将我们与动物区分开来。从对气象的观察,到对宇宙的思考,再到对科学技术的研究,这种从"天"到"地"的历程转变,反映出人类的思考逐渐趋于理性。人类寻求发展和保持健康,依靠科学技术远比依靠自然更为实际。这种思想上的"基因"决定了科学技术在不断被创造和应用的过程中,有益于人类持续发展的结果更容易被采纳,而对人类不利的技术则可能被限制。至于那些被时代"误判"的结果,如果没能被纠正引导,也难以摆脱被淘汰的结局。正是这种不断探索的精神,推动了人类文明的长足进步和发展。

由此,人类对科学技术的探索和研究演变成了一种源远流长的历史使命。从古代的数学、物理、自然等学科,到现代的计算机、互联网、人工智能等前沿科技,人类的探索研究已经涵盖了数千年的时间跨度(中国早期探索科学的著作可以追溯到西汉时期的《周髀算经》和东汉时期的《九章算术》),众多技术相互交织、竞争、打击、突破和重生,不断塑造着这精彩纷呈的世界。

随着人类社会文明的持续进步,我们开始审视并追问更深层次的问题:技术的本质到底是什么? 这种深入的思考与探索实质上是对技术背后的基本逻辑和本源的寻找。在此领域,曾出现布莱恩·阿瑟(Brian Arthur)的《技术的本质》和凯文·凯利(Kevin Kelly)的《科技想要什么》等著作,他们的技术思想不仅推动了美国的技术创新,也对世界其他国家或地区的技术创新产生了一定影响，从而使两位学者成为该领域的先驱。

布莱恩·阿瑟的《技术的本质》于2009年出版。这一时期，中国的经济已经步入快速发展的轨道，但可惜的是，阿瑟的观察并未直接涉及中国的科技环境。同样，凯文·凯利的《科技想要什么》虽然在2010年出版，但他为了得出观察结论，也仅仅去了生产力落后的菲律宾等东南亚国家生活了10年。更重要的是，阿瑟和凯利均身处美国硅谷，他们的观点是受纯粹自由的西方经济体制影响，这就导致西方学者观察总结的技术思想不一定适用于中国。

中国在当今世界格局中的影响力不容忽视。纵观中国近20年的表现，无论是经济的增速还是社会的变革，中国的变化无不让世界各国瞩目。中国在历经15年的艰辛谈判，并在关税、市场准入等方面作出一定让步后，于2001年以第143名成员的身份成功加入世界贸易组织（World Trade Organization，WTO），这一里程碑事件标志着中国将更深入地参与全球贸易，并以新的角色参与21世纪的国际竞争。2001—2010年，中国的GDP保持了平均数9.96%的高位增长，并在总量上超越了日本，成为世界第二大经济体。从技术革新带来的社会变革看，中国也经历了翻天覆地的变化。从20世纪90年代的BP机到如今智能手机的普及，从QQ聊天的互联网初体验到全民移动支付和新媒体经济浪潮的深度应用，从传统出行方式到高铁和民航的大众化，中国仅用了不到20年的时间。虚拟现实和增强现实技术曾经仅出现在科幻电影中，如今却在民用领域日益普及。城市交通方式方面，从自行车发展到摩托车、电动车、轻轨和地铁。曾经遍布城市的大型工业企业数量迅速减少，取而代之的是各种充满科技氛围的园区和孵化器快速崛起。

面对如此迅猛的发展之势，通过深入挖掘会发现，中国的经济增长并非全然模仿或借鉴西方经济体制，而是在改革开放的进程中找到并适应了其特有的发展模式。中国政府在市场中扮演了深度参与者的角色，并且不断优化和改良其参与手段。在改革开放初期，以1981年"鸟笼经济"为开端的对国有经济与民营经济间资源协调的多次干预，以及在后续的经济特区内外矛盾协调等行为表现上,已经为这种特色发展之路奠定了基本格调。这种可能被在纯粹自由市场经济体制影响下的西方学者(如以哈耶克为代表的奥地利学派的学者)视为政府过度干预的做法,在中国逐渐发展和完善,并形成了中国特色的发展模式。中国政府通过深度参与的模式,并未坐等自由市场竞争去淘汰落后产业,反而通过行政手段限制落后产业的发展。同时,中国通过参与开放的国际竞争、利用政策引导以及城市投资基金等方式,加快了新兴技术和先进产业的发展。

正是这种"干预"的模式,使中国的技术和行业超越了纯粹自由市场环境下自然淘汰和发展的节奏,加速了落后行业的淘汰,并将更多的资源和精力集中在新兴技术和先进产业的发展上。这种特有的模式,让中国的科技和经济发展展现出了惊人的速度。

与此同时,中国政府已经在这种特色道路上探索出相对完善且灵活的模式,将其深度参与市场的方式逐步细化和多元化。中国政府已经不再像过去那样全力扶持大型企业,反而转变策略,更加关注于培育具有内在活力的新型产业链。通过灵活的招引和培育相结合的方式,中国政府已在高科技产业链的构建中实践了去中心化的第三代产业链的搭建模式。这些先进的策略已经在诸如合肥等城市的建设中得到了实践验证,证明了中国在高科技产业发展的道路上,已经掌握了一套独特且有效的方式。这些成功的案例不仅进一步丰富和深化了中国政府的经验,也向国内外展示了中国在新兴产业发展上的创新力量。

技术在不断发展,我们对技术本质的理解也应当不断深化。当我们开始认识到中国特殊的发展模式时,就会思考对技术本质进行重新探讨的必要性。当今的中国,国际地位日益显著,发展速度领跑全球,且在量子技术、人工智能和航空航天等越来越多的前沿科技领域引领世界。因此,我们应该自信地认为,新一代技术本质的诠释离不开中国。缺失对中国经济发展历程的观察,对技术本质的解读是不完整的。

但是,由于人类的生理局限,我们必须依靠群体思维和知识的传承,才能将人类的思想和成果延续在时间和空间的维度上。人类的研究不是孤立的个体行为，而是基于群体思维和协作的，只有通过集体的努力和不断地传承，才能够让人类的知识和智慧得以不断延续和发展。因此，我们将借鉴阿瑟和凯利等人的思想，并站在一个异于西方国家经济体制且逐步形成巨大国际影响力的中国视角，重新审视和探索什么是技术的本质，以期在前人的思想基础上对技术本质的理解作出有意义的补充，从而进一步丰富当今的技术思想体系。

目　录

第一部分
本 源 之 力

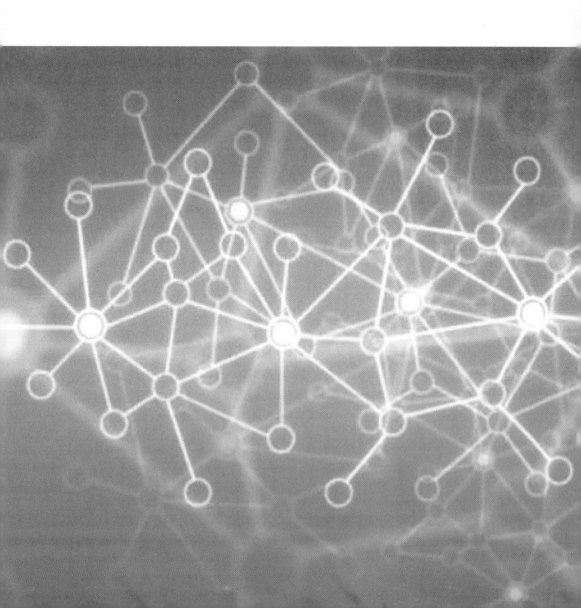

一、科技与文明的孪生关系

中国是一个拥有5000多年文明历史的古老国度，在文化上注重对现象的深入挖掘和对本源的追寻。古老的中国文明将天、地、日、月、山、河、草、木作为传统文化的重要元素，并赋予它们相应的力量和象征意义，这些本源之力被视为宇宙和自然的基础，深刻地影响了中国人对自然、社会、宇宙的认知和理解。"天人合一"的理念是中国传统文化的核心，认为人是宇宙的一部分，与自然界共享同一种力量和精神。人应该顺应自然的法则，与自然和谐相处，追求内心的平衡和道德的完善。"阴阳五行说"阐述了宇宙万物的构成和相互作用的原理，不仅深刻地影响了中国的哲学、医学、农学等领域，也为中国古代科技的发展和创新提供了理论支撑。"万物有灵说"则强调宇宙万物都有灵性，与人类和自然界之间存在着密切的联系和相互依存的关系。这些思想对中国人的价值观、道德观、审美观等方面产生了深远的影响，塑造了中国人独特的文化认同和行为方式。这些思想体现了中国古代人民对宇宙、自然和人类社会的深刻思考和体悟，强调了人与自然、人与社会之间的和谐关系，提倡尊重自然、谦虚和谐的生活态度，促使中国文明在道德、艺术、哲学、科学等各个领域展现出独特的特点。这些古老的文化思想被视为中国文明的根基和源泉，代表了中国古代智慧和思想的精髓，对中国文化的传承和发展起到了重要的作用。

回顾人类历史，工业革命之后，为推动工业化进程，各工业国家开始大肆抢夺资源，破坏自然环境，以换取经济的繁荣和物欲的满足。这种经济至上的观念在当时影响了社会意识。经济的快速发展和工业化进程大大增强了人们的物质欲望和消费需求。通过大规模生产和技术创新，工业革命推动了商品和服务的生产和消费，进一步刺激了人们的欲望和满足感。工业革命和经济发展带来了巨大的物质财富和社会进步，使得以英国法理学家、哲学家杰里米·边沁（Jeremy Bentham）为代表的"功利主义"思想更为流行。边沁强调"效用最大化"，他认为，人们的行为应该是去追求最大限度的幸福，即最大限度地满足人们的欲望和需求。他主张通过计算利益来确定哪种行为是对社会最有益的，从而推动社会进步和个人幸福的最大化。因此，人的生命、财产和自由都可以被用来衡量，连同其他所有事物都进入成本效益分析。也就是说，为了使效用最大化，在某些特定场景下，人是可以被视为促进经济发展和维护社会稳定的工具和手段进行算计的。该理论强调的是追求最大化的效用、最大化的幸福和快乐。这种思想主张将人类的利益放在最高的位置，是典型的"人类中心主义"思想。[①]

然而，随着时间的推移，人们开始反思工业革命和经济发展所带来的环境和社会问题，因此，人们开始对边沁"功利主义"思想的局限性和不足之处进行批评。人们开始强调可持续发展、环境保护和社会公正等概念，这表明"功利主义"思想不是人类发展的唯一的解决方案。

历史事实表明，人类已经重新审视经济发展与社会和自然之间的相互关系，认识到它们之间和谐相处的重要性。这种思想意识与"天人合一"的中国古老智慧不谋而合。

尽管人类历史经历了许多起伏和曲折。但总体而言，人类文明正在向着更为进步和可持续的方向发展。科学技术在这一进程中发挥了重要的推动作用，从石器时代文明，到农耕时代文明，再到蒸汽时代文明、电气时代文明和信息时代文明，科技的发展不断地推动着人类的进步。与此同时，文明的发展催生了人类不断增长的欲望。这在市场中反映为需求的变化，而需求又反向刺激着科技发展。文明与科技更像是相互依存、相互促进的孪生关系，科技推动着文明向前迈进，文明刺激着科技不断向上发展。因此，在探寻人类文明的本源之力时，我们不能简单地将建立在这种孪生关系上的科技视为人类文明的本源，而是需要深入挖掘支撑科技发展的本源力量。

二、科技的本源之力

科技本源之力的探索是一个复杂而深入的话题。我们将世界的组成划分为能

---

① 边沁在他的代表作《道德和立法的原理》提出了一个系统化的道德和法律的理论框架，其中以"最大多数的最大幸福"为核心。他认为，所有道德和法律的决策都应当以此为目标，即人类的行为应当旨在最大化所有人（最大多数）的总体幸福。

量、物质和信息三部分。能量是基础存在，能量守恒定律告诉我们，能量不会凭空产生或消失，它只会在不同形式之间转化，或者在物体之间传递，但总量保持不变。物质作为中间层，构成了实体的基础，它是无限的、永恒的和绝对的。我们通过对物质的组织和排列，创造出了各种产品和实体，如房屋、汽车、手机等。这些是人类按照一定规则和秩序创造出来的，这种规则和秩序就是信息的存在形式。信息是最高层次的存在，它的增长是推动人类社会发展的关键因素。基因实际上也是一种信息的载体，而人类文明的发展在某种程度上可以被理解为基因演变的历程。基因在生物体中稳定存在，且具有跨世代的传递性，这显现了它们的持久性和稳定性。我们认为，镌刻在基因中的某些精神特质可能构成了科技发展的根本驱动力。这些特质经过漫长岁月的自然选择，被烙印在我们的基因中，并一直传递到今天。这些经历演化过程的特质被保留和传承下来，为我们创新和应用科技提供了源源不断的动力和灵感。

1. 冒险

在远古时期，人类通过不断迁徙来寻求新的食物资源，以避免在某一地区过度捕猎和采集而造成食物资源紧缺。同时，迁徙还有助于人类找到更适宜生存的环境，以避免自然灾害和减少环境恶化带来的影响。随着时间的推移，人类社会开始出现分化。一些更具有冒险精神和探索精神的人承担了领导的责任，他们需要带领其他成员在恶劣环境中，寻找食物、水源和安全的栖息地，以期提高群体生存的可能性。这种冒险精神和探索精神不仅有助于群体生存，也成为人类的本能之一。

人类的冒险精神推动了人类的进化和文明的发展。在追求未知的过程中，人类会面临新的挑战和问题，需要不断地寻求解决方案，会尝试各种新的方法和技术，从而推动科技的进步和创新。

如果没有科技创新，人类很可能会停留在原始社会或中世纪的水平上。没有科技创新，我们无法享受现代医疗、交通、通信、娱乐等方面带来的便利和舒适，也无法应对环境污染、资源短缺等重大问题。电力与照明、车船与航空、计算机与互联网、人工智能与生命科学，这些改变生活方式的东西，都是通过创新而来的。同时，科技创新也能够反向激发人类的冒险精神。随着科技的不断发展，人类能够更加深入地探索太空、深海、微观世界等各种未知的领域。

人类的冒险精神和科技创新是密不可分的。两者相互促进、相互依存，共同推动着人类社会的不断进步和发展。只有持续保持冒险精神，才能不断推动科技的创新，人类才能够更好地探索未知的领域，解决各种新的挑战和问题，创造出更加美好的未来。

2. 竞争

远古时代,人类以部落群居形式生活,通过狩猎、采集、捕鱼等方式来为自己的部落成员提供生存需要的热量。这种经济形态可以被定义为攫取型经济。为了寻找新的食物与水源,人类不得不持续迁徙。然而,这种空间位置的转变却给部落之间的竞争增加了几率和挑战。

中学时代,历史老师向我们描绘了原始社会的生活场景,那是一个母系社会,男性身强体壮,肩负狩猎的责任,而女性则在"家"中享受着猎人们带回的食物,似乎处于一个相对优越的地位。这样的分工初看起来,似乎是基于男性的体力优势而形成的。多年后,一位学者重新解释了这一现象。他指出,母系社会的形成,实际上是源于原始部落之间的竞争。在那个年代,部落的竞争往往以武力的形式进行,人口的多少直接影响了部落的竞争力。然而,受限于当时的营养条件和生存环境,部落的人口数量通常不会太多。在那个原始而神秘的时代,人们尚未掌握生育的知识,他们只看到生命是从女性的身体中诞生,因此认为女性拥有神秘的力量,可以创造和增强部落的竞争力。因此,保护女性,让她们在"家"中生活,实际上是保护并增强部落的竞争力。这种解释从人的重要性和竞争的常态化特征两个角度去理解原始社会的母系特性,似乎更合理,也更易于理解。

远古人类的竞争精神也确实代代相传,一直延续至今,并在市场经济中体现得尤为明显。

在现代社会,企业需要通过不断创新来提高自己的竞争力,推出新产品,更新服务和技术,降低成本,提高效率,以满足消费者的需求。技术创新是企业面对市场所做的差异化竞争手段,通过技术创新,企业可以打破现有的市场格局,开创新的市场领域,从而获得更多的市场份额。

市场是由需求和供给两个方面共同构成的。需求是市场的基础,而供给则是满足需求的手段。技术创新通过提高生产力和创造新产品,可以扩大市场需求,创造新的市场机会。互联网技术的发展让人们可以更快速地获取信息,从而进行交流、购物、娱乐等活动,创造了许多新的市场需求和商业模式。人工智能、大数据、物联网等新技术的不断发展,也为各行各业带来了许多新的机会和挑战。

然而,不创新只是模仿生产现有产品,就是进入存量市场,势必造成内卷,加剧行业竞争,缩小利润空间,导致行业生态环境恶化。传统的纺织、机械、电子等行业中的许多企业由于没有及时进行技术创新,原有产品老化,利润减少,最终使得企业倒闭,行业衰落。

无论是原始社会还是现代企业,关键的生存策略都是避免局部争斗、获取新的资源。古代人类的冒险精神和竞争精神特质遗传下来,会促进科技的发展与不断创新;古代人类通过迁徙开辟新的生存环境,现代企业通过技术创新创造新市场领域,这种探索精神是一脉相承的。创新是人类进步的基石。

3. 合作

在原始社会中,部落之间的合作关乎着种族的生存。原始部落的生活方式常常依赖于特定的技能和知识。同时,由于部落人口数量有限,资源也比较有限,无论是内部分工还是外部合作,都是提高生存概率的行为。例如,当一个部落狩猎的运气不佳时,他们可能需要向其他部落寻求帮助,或者与其他部落共同狩猎。如果一个部落缺乏某种技能,比如制作特定的工具或武器,他们可能需要向其他部落求助。除此之外,部落之间的合作也可以帮助他们应对天灾、野兽或敌对部落的攻击等威胁。在这些情况下,部落可以团结起来,共同应对问题,并分享资源和知识。由此可看出,在原始社会中,社会分工的形态已开始形成。

合作在当今的经济环境中发挥着至关重要的作用。通过建立合作关系,无论是组织内部的成员,还是不同的组织之间,都能达到资源共享、风险共担、推动创新、扩大市场份额并提升竞争优势的目的,从而获得更大的成功。

合作是社会分工的基石。早在1817年,经济学家大卫·李嘉图(David Ricardo)就提出了比较优势原理。他认为,如果每个个体都把有限的资源——包括时间和精力——专注于他们的优势领域,并与他人交换产品和服务,那么社会总体的价值将会最大化。这个理论解答了亚当·斯密(Adam Smith)为何强调分工合作的必要性,也为产业链的形成提供了理论基础。产业链思想的雏形由亚当·斯密在《国富论》中提出,他认为分工可以提高生产效率。以制造别针为例,制针需要经过18道工序,涉及18种不同的专业技能。如果每个人都必须掌握这18种技能,效率将会很低。然而,如果10个人分工掌握其中的18种技能,那么他们每天总共可以生产4.8万根别针,效率提高了240倍,这就是分工带来的效益。[①]分工还会促使产业链的形成,即每个人、每个企业都在自己的领域内专门从事某项工作,最终形成一个完整的产业链。

总之,合作和社会分工成为现代社会经济发展的关键。各行各业的人们通

---

① 参考《国富论》的第一册第一章"论劳动分工"。

过互相交流与合作、互相支持与依赖，形成了复杂的经济体系。在这个经济体系中，每个人都承担着不同的职责和角色，通过分工合作实现了经济效益的提高。

4. 社交

原始社会，是处在一个信息不发达的时代，人们需要通过各种方式来获取有用的信息，以提高生存概率。社交就是人们获取信息的重要途径之一。

在原始社会中，部落之间的联系通常是通过口头传递信息来实现的。通过与其他部落成员进行交流和交往，原始人类可以获取许多信息，比如动物的行踪、食物的来源、气候的变化等。在与其他部落的接触中，人们还可以学习其他部落的技能和知识，如狩猎技巧、制作工具的方法等。这些信息都对人类的生存和繁衍起着至关重要的作用。

此外，在原始社会中，社交有助于建立和维护社会网络，这些社会网络可以为原始人类提供保护和支持。原始社会通常由家族和氏族组成，每个人都具有自己的社会角色和身份。通过与他人建立联系，原始人类可以扩展自己的社交圈，与其他部落建立联系，增加资源获取的机会，提高生存概率。

社交本质上是信息的交换、收集和加工处理过程。这一过程对人类社交能力而言尤为关键，包括在社交环境中获取、理解和利用信息的能力。通过社交，原始人类可以获取关于食物、资源、天气、环境、疾病和其他威胁的信息。同时，他们也可以通过交流和分享知识，加强彼此之间的合作，提高生存能力。这种社交特质在人类进化中扮演了重要的角色，也影响了现代科技和经济的发展。

对于现代经济来说，社交衍生的信息反馈机制十分重要。市场价格反馈是其中一个重要的例子。市场价格反馈是指市场上的价格变化，反映出市场对产品或服务的需求和供应情况。在市场经济中，企业和创新者通过不断地研发新产品或提高服务质量来满足市场需求，以获取更高的市场份额和利润。市场价格的反馈可以帮助企业和创新者更好地了解市场需求和消费者的偏好，从而为今后的技术创新和产品研发方向提供决策依据。

除了市场价格反馈，科学研究中的同行评议机制和科学论文的引用和被引用等，都是信息反馈机制的重要表现形式。同行评议机制可以让科学家相互审阅、批评和改进彼此的研究成果，从而提高研究质量和科技水平。而论文的引用和被引用则是评估科学研究成果影响力和质量的重要指标，也可以促进科学家之间的学术交流和合作。

冒险精神是科技发展的源头。原始人类不断探索未知的领域，从而获得了许多新的发现和发明。科技的发展需要勇于冒险的精神，这样才能突破传统思维的限制，开拓新的领域。竞争精神是推动科技创新的重要因素。人们对于资源、权利和地位的竞争，促使他们不断寻求新的解决方案和创新方法，从而推动了科技的进步。在现代经济中，竞争推动了技术的不断更新。例如，企业需要不断研发新技术，提升产品的品质和效益，从而提高产品的竞争力。合作精神是科技发展的重要支撑。从原始人类的部落生活到现代企业的合作，合作是人类社会发展的必要条件。科技的发展也需要合作精神的支持，多方合作可以促进知识和技术的共享，推动创新的进程，提高技术的发展效率。社交精神是推动科技创新的重要基础。人的社交能力是人类重要的天赋之一，是我们与他人建立联系和交流的纽带，从而使我们能够共同解决问题，推动科技的发展。社交精神也让我们建立了信息反馈机制，对科技创新保持正确的方向起到重要的基础保障作用。

中国的古老文化教会我们追本溯源，当我们试图寻找科技的本源之力时，发现我们的祖先在艰难的生存环境中，将利于生存与发展的基因代代相传。冒险、竞争、合作和社交等精神特质驱使人类不断探索未知领域，创新和改进技术，并进行多方合作，共同推动科技的进步。在现代社会中，这些特质仍然起着重要的作用，推动科技的不断创新发展，促进经济的持续增长和社会的不断进步，对人类的生活与繁衍产生深远影响。

正是这些基因中蕴含的精神特质驱使人类对自然环境进行探索和认知，推动了科学技术的发展。因此，我们可以认为，这些精神特质是科技的本源之力，为人类的探索与发现提供源源不断的动力。

这些精神特质是在人类社会最初形成的简单组织形态中就已经存在的，并通过上万年的遗传不断地与其他品质竞争而传递至今。人类还将继续往后延续基因传递的使命，人类的这些精神特质还将永续，科技的发展也将伴随人类续写未来。我们必须长期依靠科技进步去改善我们的生活。因此，有必要去研究和揭示技术的本质。然而，揭示技术的本质并非一件容易的事。技术本身具有正反两面的特性，这种复杂性常常受到特定人群的利益驱动，使得技术以复杂的信息面貌呈现在我们面前，难以分辨。

第二部分
难以识别的本质

一、技术的两面性

技术，作为人类文明进程中的重要推动力量，既带来了巨大的便利和创造力，也引发了一系列伦理、社会和环境问题，这就是技术的两面性。人们在思考技术发展的过程中，也在不断地探讨技术的好与坏、优与劣。

工业革命是现代技术的起点，它推动了人类社会的快速发展，同时也为功利主义思想的流行提供了舞台。边沁的功利主义追求的是"最大多数的幸福"，而工业革命时期的社会变革和技术发展，无疑为实现这一目标提供了可能性和机会。在这个时期，科技的发展为生产力的提高带来了强大的推动力，劳动力和资本则为工业的发展提供了不断的支持，工业生产的规模和效率不断提高，人们的物质生活水平得到了显著提升。

然而，"最大多数的幸福"并不仅仅是经济上的繁荣和物质上的富足，还包括社会和环境等多个方面。正是针对这一点，边沁的思想受到了功利主义继承者约翰·穆勒(John Mill)的修正和德国哲学家伊曼努尔·康德(Immanuel Kant)的反对。穆勒认为，在追求"最大多数的幸福"的同时，也要兼顾个体的幸福和自由，这样才能真正实现道德的目标。[①]这种观点在一定程度上呼应了技术的两面性，提出了在技术发展的过程中，要关注人类文明的整体发展和个体权益的平衡。

康德则更加直接地反对功利主义。他认为，人类的行为应该遵循道德的普遍原则，而不是以追求功利为目标。[②]这种观点也体现了人类对于技术发展的反思。

---

① 穆勒的代表作《论自由》提出了著名的"伤害原则"，他主张除非对他人造成伤害，否则，个人的行为应当是自由的。这也是他与边沁的一个主要区别，边沁的功利主义在理论上可能涉及牺牲个人自由以达到最大的总体幸福。

② 康德反对把行为的道德价值归结为其结果，他认为这忽略了行为者的意愿和动机的重要性。康德主张，只有那些出于尊重道德法则的行为才具有道德价值，即使这些行为并没有产生最大的幸福。康德在《实践理性批判》一书中，明确反对将道德决定为幸福的追求。他认为："幸福的概念是如此不确定，以至于尽管每个人都希望达到这个目标，但他仍然永远无法确定，在他所能想象的实在的享受中，他究竟要什么和要多少。""在道德中，我们的意愿被决定为一个无条件的、在任何情况下都应当被执行的东西……我们的意愿必须服从某种使我们行动的理由，而这种理由本身并不依赖于预期的效果。"

技术的发展本身并没有好坏之分,它只是一种手段,而手段并不决定目的。在技术发展的过程中,人类应该追求的不仅仅是实现功利的目标,还应该尊重人的尊严和自然的平衡。

康德的反对引发了人们对技术发展的反思和警惕。技术的发展虽然能够带来巨大的利益和便利,但是在实现这些利益的过程中,却往往会牺牲一些重要的价值和权利,例如个人隐私、安全和自由等。因此,人们开始反思技术发展的利弊,探讨技术发展与人类自身价值的关系。

技术的两面性意味着任何技术都有"好""坏"两面,它既可以带来巨大的利益,也可能带来不可预见的危险和副作用。因此,在推动技术发展的过程中,需要权衡技术带来的利弊,同时重视人类的价值和权利。

1. X 射线的发现与应用

1895 年,X 射线被德国科学家威廉·康拉德·伦琴(Wilhelm Conrad Roentgen)首次发现。这个震惊世界的新发现激起了美国发明家托马斯·阿尔瓦·爱迪生(Thomas Alva Edison)的强烈兴趣。爱迪生利用他的创新能力,发明了一种高效的荧光材料——钨酸钙,并改进了 X 射线成像技术,提高了成像的亮度和清晰度。

X 射线很快在世界各地得到了广泛应用,尤其在摄影行业中。不久之后,X 射线摄影馆如雨后春笋般出现,吸引了众多名流前来尝试,包括德皇威廉二世和沙皇尼古拉伉俪等人,他们都抓住机会,第一时间留下了自己的 X 射线"御照"。另一方面,X 射线新婚照也成为了新的时尚趋势。然而,当电影工业开始尝试利用 X 射线技术时,产生的却是一系列荒诞无稽的电影作品,这种尝试可以说是形形色色、五花八门。

X 射线的应用不仅娱乐了公众,还在各种实用领域中发挥了关键作用。在欧美,鞋店开始配备 X 射线试鞋器,这种设备可以帮助客户找到最舒适的鞋款。到了20 世纪 50 年代,仅在美国,这种设备的销量就超过了 1 万台。当时的公众对 X 射线可能带来的健康风险毫无意识,X 射线技术迅速并深入地渗透到了公共生活中。

1896 年,伊丽莎白·弗莱希曼(Elizabeth Fleischman)自学掌握了 X 射线拍摄技术,并在加州建立了首家 X 射线机构。她的勤勉和专注使她迅速成为全球技术领先的 X 射线专家之一。弗莱希曼的工作凸显出 X 射线在诊断和放射治疗中的重要价值。1898 年,在美西战争中,她凭借 X 射线技术,为伤兵精确定位了弹头和弹片在身体中的位置,从而缓解了他们的痛苦。她的贡献得到了当时美国最高军医长官的高度评价,长官亲自拜访弗莱希曼,并向她表示感谢。

然而，X射线的广泛应用也暴露了其潜在的风险。爱迪生的亲密助手克莱伦斯·达利(Clarence Dally)，因长期暴露在X射线下，最终罹患癌症并于1904年去世，年仅39岁。他成为美国首位因X射线致死的人。弗莱希曼也于1905年去世。由于长期暴露于X射线，爱迪生的身体也受到了影响，因此他决定放弃对X射线的研究，并且拒绝接受任何X射线检查，直到1931年去世。

　　然而，许多人仍然忽视了X射线的危害。在1920年的一次伦琴学会的晚宴上，大多数人无法使用刀叉享受美味的烤鸡，因为他们的手臂因长期暴露在X射线下而落下残疾。1936年，美国第11届伦琴协会主席，布朗(Percy Brown)出版了《美国献身于伦琴射线的科学烈士》(*American Martyrs to Science Through the Roentgen Rays*)一书，以纪念28位为X射线事业献身的美国科学家。

　　在此期间，X射线的影响并未停止。1936年4月4日，德国汉堡的圣乔治医院在其花园中竖立了一座纪念碑，以纪念最初为X射线事业而付出生命的350位科学家和医生。每个被刻在纪念碑上的名字，其背后都有一个深刻而感人的故事。

　　尽管此时公众对X射线的潜在风险有所了解，但X射线的商业应用仍在继续。直到1946年，美国国家标准局才制定了对X射线试鞋器剂量的规定。然而，直到1957年，美国各州才开始立法禁止使用X射线试鞋器。令人惊讶的是，尽管已知道X射线可能带来的风险，试鞋器仍在社会中流行了一段相当长的时间，直到1970年才完全消失。曾经一代人的脚都成为了X射线的靶子。[①]如今，X射线的应用已被限制在医疗、质量检查和安全检查等特定领域。这个历史阶段强调了科技进步的两面性特性，尽管它提供了便利，但也可能带来未知的健康风险。

2. 镭元素的发现与应用

　　1898年居里夫妇(Marie and Pierre Curie)首次发现了镭元素。荧光材料的分子在吸收了镭射线的能量后，变为激发态，回到基态时会发出可见的冷光，这一前所未有的现象被商家抓住，很快出现了夜光表、夜光仪表盘、夜光门牌、门铃按钮、坐席号码、鱼饵浮标、拖鞋纽扣、儿童玩具等商品。索科·霍基(S. Kistler)发明了一种荧光材料新配方，大大提高了反射荧光的效果。他曾踌躇满志地说："室内照明完全用镭，墙壁和天花板的涂料发出月亮的光辉，这一天必将到来。"他创建了美国第一家镭荧光材料公司，该公司成为军方夜光表、飞机舰艇荧光表盘的主要供应商。

---

　　① 赵致真. 文明的代价：原子深处的箭镞[J]. 百科知识，2018(11)：24-29.

公众的新奇、商家的吹嘘、媒体的炒作和专家的站台，共同助长了镭狂热。各种商品都争相与镭挂钩，以表现自己的新潮和科学性。当时，涉及镭的产品多达20万种，包括镭奶油、镭面包、镭香烟、镭化妆品、镭牙膏、镭清洁剂、镭保暖服、镭加热器等。商家通过各种营销手段，让人们深信不疑地相信了"镭水"等产品的神奇功效，富豪们更是对此追捧不已。匹兹堡钢铁公司的老板拜尔斯（Baruch）曾是美国业余高尔夫大赛的冠军。1927年，他摔伤了手臂，医生莫亚（Moyer）推荐他使用镭水治疗。拜尔斯每天按时服用3瓶镭水，两年内共吞下了1400瓶。然而，1930年，拜尔斯的身体出现各种病症：下颌坏死、牙齿脱落、头痛难耐、颅骨出现空洞。最终，拜尔斯于1932年3月去世，终年51岁。至此，媒体对镭的报道立刻换了副"嘴脸"，《纽约时报》在头版做了大幅报道，《华尔街日报》的标题是《镭水疗效很好，直到下巴烂掉》。拜尔斯的死亡使人们开始重新审视镭的安全性，这也催生了美国食品药品监督管理局（FDA）对放射性药物的生产和销售进行规范管理。

后来人们发现，镭的化学性质与钙极为相似，在人体代谢过程中会被误认为是钙而积累在骨骼中。然而，镭放出的射线会破坏DNA，损害骨髓的正常功能。

索科·霍基的工厂曾雇用大量少女，她们的工作是用水和胶把含镭的荧光剂调和均匀，再用驼毛笔小心地涂在表盘的数字和指针上。长时间接触镭导致她们患上了恶性贫血、牙齿脱落等病症。这些女工状告雇主，由于证据确凿，法院很快判她们胜诉。然而不久之后，她们相继去世。索科·霍基也因镭辐射于1928年11月死于障碍性贫血，终年45岁。

镭女孩案的意义不仅推动了对核辐射危害的研究，也唤起了劳工的维权意识，直接促成了美国劳动安全条例和美国职业病劳动法的实施。为了牢记这种历史悲剧的教训，2011年9月2日，在美国伊利诺伊州揭幕了镭女孩铜像，以警示后人对待科技新事物时应谨慎。[①]

从现在的应用来看，虽然X射线和镭元素的应用极大地推进了医疗、科研等行业的发展，使人类生活得到了前所未有的改善。但是，由于当时人类对于这些新科技的理解不足，技术的负面作用在应用初期未被充分识别，导致了大量的人身伤害事件，甚至造成生命损失。

技术的正反作用我们甚至仍然可以从现代生活中找到，比如滴滴涕可有效预防农业病虫害，减轻由蚊蝇传播的疾病（如疟疾），然而它也对鸟类造成了重大伤害；青霉素对一些人而言是生命救星，对其过敏者则可能带来生命威胁；他汀类药物可以改善血管健康，但可能对肝功能产生负面影响。

---

① 赵致真. 文明的代价：原子深处的箭镞[J]. 百科知识，2018(11)：24-29.

技术像是一把双刃剑。从 X 射线和镭元素的发明与应用上，我们可以看到这一点。但是，随着时间的推进，人类逐渐学会减少技术发展的负面效应，使其保持在可接受的范围内。因此，总的来说，尽管技术的发展带来一些挑战，但其对人类社会的积极影响还是大于其负面影响。

然而，对于技术发展，我们既不能过度悲观，如同科技恐惧论者那般对未来感到绝望，也不能过度乐观，像科技乐观主义者那样对技术发展持有盲目的乐观态度。我们需要深入、全面、客观地理解技术，这样才能最大化地利用技术发展带来的好处，同时最小化其可能产生的风险。因此，我们必须始终保持警惕，既充分利用科技发展的优势，又谨慎应对其可能带来的问题和挑战。

二、利益集团的"隐恶扬善"

既然技术通常具有"好""坏"两面，但为什么在开始阶段我们往往只看到"好"的一面，很难认识到其中的"坏"的一面呢？这可能与技术成果本身被赋予的"隐恶扬善"的性质有关。纵观科技成果从发明到商业应用的过程，通常有以下五类参与者：

（1）发明者：实现了从 0 到 1 的转变者。

（2）后续者：对科技发明进行持续探索，实现从 1 到 N 的转变者。

（3）应用者：将科技成果转化为商业应用的人。

（4）站台者：当出现怀疑声时，出来为科技成果站台的专家。

（5）欺骗者：明知科技成果有坏的一面，却仍欺骗公众的人。

因此，我们需要在积极利用科技成果的同时，认真考虑其潜在的不利影响，并尽力避免或减轻其负面影响。只有这样，我们才能更好地利用科技进步为人类服务，而不是被科技进步所束缚或伤害。

1898年，居里夫妇发现镭，这是科学史上一件影响深远的大事。纯净的镭为银白色，原子量为226，能发射出 α、β、γ 三种射线，并衰减为氡。1909年，欧内斯特·卢瑟福（Ernest Rutherford）通过盖革-马士登实验，用镭作为 α 射线源轰击金箔，推翻了约瑟夫·约翰·汤姆逊（Joseph John Thomson）的"均匀原子模型"假设，这一举动奠定了现代核物理的基础。原子的裂变也是利用镭作为中子源发现的,医生很快又发现了放射可以治疗癌症,镭在医学领域的应用更是全面开花。在现代科技进程中,镭确实是居功甚伟,但镭等核辐射对人体的伤害,却迟迟未被认识。镭的危害不仅在体外辐射,它位于元素周期表ⅡA族末排,其化学性质和前三排的钙极为相似,进入人体后会沉淀积累在骨骼中,并不停地放出射线,打断细胞中DNA的化学键,损害骨髓的正常功能。镭对人体有极大的危害且其半衰期长达1600年。然而,在其最初被发现时,人们却将其视为一种万能的神奇物品。大约有20万种与镭相关的商品被推出,人们把镭与日常生活的方方面面联系在一起,将其视为一种新潮、科学的象征。当新的科技成果出现时,人们总是欣喜万分,有一部分原因是受到了某些专家的积极评价。

我们来看镭的发现者居里夫人的观点。在一篇回忆她丈夫的文章中,居里夫人富有诗意地描述了他们在实验室里的夜晚,看到四周都是柔和的光辉,勾勒出盛着他们产品的瓶子的轮廓。她深深热爱着他们所发现的镭,把它视为他们的孩子。然而,居里夫人因为镭辐射而患上了白血病,最终去世。[①]

我们来看后续者的观点。"原子能之父"恩利克·费米(Enrico Fermi)是其中一个代表性的人物。他使用镭射线源对许多元素进行"轮番轰击",发现了很多新现象,并因此在1938年获得了诺贝尔物理学奖。新科技发明就像是后续者手中的一把锤子,所以他们往往会过分热爱新技术。心理学家亚伯拉罕·马斯洛(Abraham Maslow)曾经说过:"如果你手上只有一把锤子,你就会把所有的问题都看成钉子。"因此,后续者也会对新的科技发明情有独钟。然而,许多后续者在接触这些新技术时也面临着辐射的危险,例如,费米和其他被称为"X光烈士"的人,他们的工作环境对身体健康产生了负面影响。

再比如,镭的商业应用者——美国人索科·霍基发现了一种新配方的荧光材料,使得镭夜光的功能开始向实用化发展。他创建了美国第一家镭业公司,成为军方夜光表、飞机舰艇荧光仪表盘的主要供应商,赚取了大量的财富。在他的眼中,镭应该是十全十美的。但可惜的是,索科·霍基于1928年因障碍性贫血去世,年仅45岁。

如果说,上述专家对新技术成果赞不绝口是因为不知道其有坏的一面的话,那么轮到站台者时性质开始转变。1923年,杜邦生产的四乙基铅汽油在美国投入使用,但铅对人体的危害早已众所周知。于是,杜邦公司聘请了辛辛那提大学生理学教授克霍(Hamilton)担任公司的首席健康顾问,并在大学成立了企业背景的应用

---

① 赵致真.文明的代价:原子深处的箭镞[J].百科知识,2018(11):24-29.

生理实验室,由杜邦公司赞助全部经费。克霍成为四乙基铅汽油忠实代言人和辩护士,在美国卫生局召开的听证会上,克霍对指控四乙基铅汽油有害的科学家们说:"拿数据来(Show me the data)。"这句话也成为了著名的"克霍范例"。由于克霍的站台,美国卫生局最终的结论是"没有充分理由禁止使用四乙基铅汽油"。随着铅污染的迹象越来越多,公众开始觉醒。20世纪80年代,世界各国开始对含铅汽油进行限制和禁止,美国政府也采用了环境问题中无须"拿数据来"的"预警原则"。然而,这已是亡羊补牢。仅在20世纪70年代,美国每年就向环境排放20万吨铅。如今,铅对环境的危害依然存在。职业造假者说好,业余辟谣者说坏,这就是著名的"公地悲剧"。①

至于欺骗者,请看这样一个案例。2008年,中国发生了一起严重的毒奶粉事件。当时,多家奶源供应商在奶粉中掺入了三聚氰胺,这是一种工业原料,食用含有该物质的食品会对人体健康造成严重危害。这些企业掺假的行为一直被隐瞒,直到有大量婴儿因为喝了含有三聚氰胺的奶粉而患上了肾结石和其他疾病时,这些行为才被知晓。事件曝光后,石家庄市的相关领导被免职,三鹿集团和其他企业涉案人员被追究刑事责任,企业倒闭,大量家庭受到了影响。直到现在,国人对国产奶粉的信任尚未完全建立。

技术的发明、推广、应用、监管等各个环节都存在信息不对称的问题。在这个过程中,利益驱动是主要原因。发明者和后续者通常会强调技术的好处,而忽视技术可能存在的坏的一面。而公信力高的专家站台和欺骗者的故意为之会使得大众无法识别技术的两面性。在不透明的技术环境下,信息不对称会严重损害消费者的利益,同时也会影响技术的发展和社会的稳定。

在技术发明和推广过程中,信息不对称的问题尤为突出。发明者往往会强调技术的创新、功能和便利性等优势,但可能会忽略或隐瞒技术可能存在的副作用和安全隐患。比如,早期的塑料制品被宣传为可以降低成本、提高生产效率和使用方便,但长期使用会对环境产生严重的污染。类似地,某些新兴科技如人工智能、5G等,也有可能存在隐私泄露、数据滥用、人工智能失控等问题。由于发明者受利益驱动,技术"坏"的一面往往被忽略,这就造成了信息不对称。

在技术的后续发展和推广中,后续者也往往会忽略技术"坏"的一面,以获取更多的利益。比如,化肥和农药的使用可以提高农作物产量,但同时也会对土壤和环境造成污染。由于受农业生产利益的驱动,生产商家往往会忽略或隐瞒在农业生产中使用化肥和农药会对环境造成损害这一事实,进而造成信息不对称。

① 赵致真. 文明的代价:始料不及的发明[J]. 百科知识, 2018(13):18-22.

在技术的应用和监管过程中,专家站台的作用尤为突出。在技术复杂、专业性强的领域中,专家对技术的评价和认可具有重要的影响力。但是,由于专家的立场和利益驱动,他们的评价往往只关注技术的好处,而忽略技术可能存在的风险和副作用。比如,早期的四乙基铅汽油被认为是一种高效、经济的汽油,但铅对人的危害已经众所周知。由于化学专家的站台和支持,四乙基铅汽油在很长时间内仍被广泛使用。

此外,有些技术在研发之初就已经被发现其潜在的负面影响,但由于利益的驱使,相关方仍然选择继续推广和使用。例如,化石燃料作为一种能源,其燃烧产生的二氧化碳被认为是主要的温室气体之一,对全球气候变化产生着重要的负面影响。然而,由于化石燃料作为现代工业的主要动力源,各国政府和企业仍在大力开发和使用,尽管全球气候变化已经被科学家们预警多年,但很多国家仍未采取有效措施。

总之,技术的两面性不可避免,我们需要做的是尽可能发掘技术的潜在缺陷,并在使用和推广过程中不断完善和改进。同时,必须要有独立的监管机构和专业的评估机构,对新技术进行全方位的评估和监控,确保其对人类社会的贡献大于其负面影响。

三、"叛逆期"与中国人的奥德赛时期

如果说利益集团赋予技术"隐恶扬善"的秉性,让身处技术感知末端的大众无法对技术进行理性判断的话,我们可以把这种秉性归属于技术层面的难题。解决这类问题需要国家的立法干预。技术的发展必须受到政府的管理和监管,只有政府在法律上对技术进行规范和控制,才能有效防止利益集团和不道德的行为影响技术的应用。此外,政府应该加强公共科学教育,提高公众的科学素养和技术素质,让人们能够更好地理解技术的好处和风险,以便更好地应对技术的发展。

同时,我们还需要面对我们自身的问题,这些问题可能来自于信息增长与生理进化进度不协调的冲突,也可能来自时代变化与寿命增长的同时出现的新问题,还有可能是我们无法摆脱的主观认知里的偏差性问题。

1. 叛逆期

叛逆期是指青少年的心理过渡期，其自我意识日益增强，迫切希望摆脱父母的监护，他们反对父母将自己当作小孩，而以成人自居。为了表现自己的非凡，处于叛逆期的他们喜欢对任何事物持批判的态度。

动物似乎没有叛逆期，而古代的年轻人似乎也没有像现代人那样强烈的叛逆情绪。这一点可能是因为古代人类更多地依靠基因进化来适应环境的变化，而现代人则需要通过更多的后天学习来适应快速变化的世界。先天基因和后天学习是人类知识来源的两个主要途径。然而，随着科技的发展，人类的进化速度远远跟不上科技的进步，这就会导致人类遭遇一些问题。

例如，人类的视觉系统是长期演化过程中适应自然光环境的产物。我们的眼睛天生适应于白天的自然光谱，这种光谱在日出时是暖色调，而在日落时则是较为冷色调。这种演化使得我们的视觉系统对自然光的吸收和处理具有高度效率，这种效率包括了眼睛如何处理不同波长的光线以及如何调整以适应不同光照条件。

然而，随着电子显示屏等现代科技的普及，人类暴露于长时间的人工蓝光之下，这种光谱在波长上偏向更短的端，且已经被证实会对视觉健康产生负面影响。比如，长时间暴露于电子屏幕的蓝光下会增加眼睛疲劳和干涩感，同时还可能影响睡眠质量，因为这种光线可以抑制褪黑素的分泌。

这种现象显示出了人类进化与现代科技快速发展之间的矛盾冲突。人类的生物进化速度相对缓慢，无法快速适应新兴技术带来的环境变化。虽然我们的眼睛在长期进化过程中适应了自然光的光谱，但对于人工光源，特别是高频率的蓝光，我们的生理适应性是有限的。

同样，青春叛逆也是人类进化跟不上世界变化的产物。相对于动物和古代人类接触的简单事物，现代社会变得越来越复杂，许多现象的本质难以理解。例如，儿童时期，只能理解一些事物的表象，进入青春期之后，随着智力水平的提高，他们开始发现真实的世界与儿童时期理解的不一样，从而产生困惑。他们开始反叛，发现父母以前说得并不完全正确，开始与父母或其他人进行对抗。这是人类认知水平进化跟不上社会发展所引发的问题。

人类知识的传承曾经主要依靠超生物遗传，但现在正在发生改变。我们无法确定进化的尺度是多少，但我们随处可以找寻到这样的例子，比如人类对于高海拔环境的适应。高海拔环境容易造成缺氧，会导致身体各个器官功能受到影响，如出现呼吸急促、头痛等症状，即我们常说的高原反应。但是，一些高原居民却能够适应高海拔环境,几乎没有高原反应或者症状很轻。这种适应与人体的呼吸、循环等生理机制有关。高海拔居民与低海拔居民在基因上有所不同,这些基因可能与氧气传递、血液的制造等生理过程有关。然而,这种适应并不是一代人就能完成的,而是经过多代人的遗传、筛选、进化才得以形成的。这个过程很长很长,甚至长达几千年的时间。而科技产生的新事物却是以年为单位计量的,因此人类后天学习的重要性越来越突出。后天学习已经成为人类现代文明传承的主要方式。

人类进化速度远远跟不上科技的快速发展,这导致了青少年的叛逆问题。类似地,信息的爆炸式呈现和物质的快速增长也会对成年人造成困扰。在市场环境中,成年人在追求多重利益的过程中,往往凭借着陈旧或碎片化的知识来理解社会环境,因为市场的不完全竞争和信息不对称使得他们无法全面地了解周围环境。这对于成年人的人生规划和价值实现至关重要。当无法看清周围环境和未来的发展时,许多人会成为"愤青"或"抑郁青年"。

2. 中国人的奥德赛时期

1949年10月1日,中华人民共和国成立。在历经抗日战争和解放战争之后,新中国面临着巨大的经济重建和社会秩序恢复任务。当时的中国,经济基础薄弱,社会秩序失衡,需要制定一个集中统一的国家计划,以促进经济建设和发展。苏联的计划经济体制给我国提供了参考和借鉴,毛泽东等领导人认为,计划经济可以促进国民经济的快速发展,实现对经济的有效调控和管理。在这种背景下,我国实施了计划经济体制。在计划经济体制下,人才的培育和就业管理也被安排在计划之列,大学生毕业包分配工作成了一项常规政策,这一政策一直延续到20世纪末。直到教育部发出通知,要求从2000年起停止使用《全国普通高等学校毕业生就业派遣报到证》和《全国毕业研究生就业派遣报到证》,启用《全国普通高等学校本专科毕业生就业报到证》和《全国毕业研究生就业报到证》,该项政策才被彻底取消。

国家统计局于2019年发布的《人口总量平稳增长人口素质显著提升——新中国成立70周年经济社会发展成就系列报告之二十》相关数据显示,1949年中国人的平均寿命仅为35岁,1957年为57岁,1981年为68岁,2010年为74.83岁,2018年为77岁。21世纪人口的平均寿命较新中国成立时,翻了一倍。

以前,我们将人的一生分为四个基本阶段,即童年时期、青少年时期、成年时期和老年时期。如今,随着寿命的延长,人生的阶段延长到了六个,即童年时期、青少年时期、奥德赛时期、成年时期、活跃的退休时期和老年时期。

奥德赛时期指的是人从大学毕业到成家立业这一阶段。传统观念中,大学毕业后就要参加工作、结婚生子,开始担负各种责任。然而,随着经济和社会的发展,如今的青年人不急于成家立业,而是更愿意在工作和学习之间、在不同的工作之间寻找自己的兴趣和方向。当下年轻人比父辈的结婚时间晚了5～10年,其原因并不仅仅是为了抓住青春的尾巴和享受年轻的岁月,而是因为现在的选择面更广,一旦作出选择,将面临更多的风险和挑战。因此,他们必须小心翼翼地寻找、选择自己真正热爱的事业和真爱的人,这就像荷马史诗《奥德赛》中的主人公一样,用10年时间巧妙应对各种危机,勇敢战胜无数艰险,拒绝各种诱惑,最终回归到祖国和幸福的家庭中。因此,奥德赛时期是青年人迎接成年期的主战场,是一个重要的准备期,从而为未来的人生道路打下坚实的基础。

奥德赛时期的青年人出现选择困难,是因为科技的发展将我们从以前父辈们传承式生活模式推向自主适应性生活模式。科技带来的瞬息万变的信息和思想观念的不断更新,让青年人在择偶和人生规划上需要积累到他们以为的足够的知识后,方能进行抉择。

3. 验证性偏见

社会学家威廉·托马斯(William Thomas)最早提出反身性理论,它强调个体的期望与社会系统之间存在着相互影响和反馈作用,从而影响和改变了社会的发展进程。该理论后来被金融巨鳄乔治·索罗斯(George Soros)引入金融投资领域并广为人知。在金融市场中,投资者的预期和行动会影响市场的走势,而市场的变化又会反过来影响投资者的决策,两者相互影响,互为反馈。不过,需要注意的是,反身性理论并非适用于所有情况,其主要适用于二类混沌系统,如新闻舆情和金融投资等。在这些系统中,预测和行动可能会改变结果,从而产生反馈效应,导致系统变得不稳定。

什么是二类混沌系统?人们通常认为,科技是确定的、一成不变的,就像精密的机械钟表,这种观点绝对低估了科技维度。越精密、越确定的系统越低级,就像钟表,缺一个螺丝都无法工作,没有一点容错能力。混沌系统就要高级些,一级混沌系统"不会因为预测而改变",比如天气。更高级的二级混沌系统,会受到预测的影响而改变,永远无法准确预测,比如市场、政治等。随着科技的发展,这类系统越来越多。例如,当我们通过高德地图观察交通状态时,它就会适时改变我们的行车规划路线,进而改变原有状态。就像儿童,你对他关注与否,他的表现绝对不一样。

人类对世界的美好期望有时会导致偏差的发生。我们期望每个人都健康、苗条，所以肥胖必须被消除。一旦消除目标产生，反身性理论就开始发挥作用。人们开始采用各种能用的手段消除肥胖，例如严格控制饮食、进行大量运动等。这些努力可能会导致短期内的减肥效果，但长期来看，却很难维持。此外，预测影响了结果。当人们看到自己能够减掉一些体重时，他们可能会感到非常兴奋，进而采取更极端的措施来减肥，如过度节食、使用减肥药等，导致偏差持续加大。最后发现要维持原定的美好目标，代价越来越大，难以为继，减肥信念瞬间崩溃。

脱离现实、靠美好理想制定的目标就是泡沫，泡沫一大就会破灭。一个个体不可能掌握到完整资讯，再加上我们会因个别问题影响到认知，导致对外界产生偏见，这叫"验证性偏见"。即当面对多种信息时，人们会选择自己倾向或者喜欢的信息去相信，并加以传播，然后群体之间不断强化、验证这个想法。

四、人与技术的关系

我们从X射线与镭元素的发现与应用这两个案例出发，真实地将技术的两面性展现给读者。而实质上技术本身是中性的，没有好坏之分。"好"与"坏"只是技术的两个面，需要看人们怎么去引导和利用。在科技发展的过程中，技术成果难免会受利益集团的诱导，利用信息不对称对大众展示技术利好的一面。其实，我们认为这种做法并不是完全错误的，人类在发展过程中与科技相伴，受多种复杂条件影响，难免有被时代误判的结果。正如前言所说，被时代误判的结果，需要被引导。如今X射线在医疗、质检、安检领域的应用就是很好的例子。但这并不代表我们无须警惕技术不利的一面。从叛逆期到中国人的奥德赛时期，我们知道科技迅速发展与人类进化进程不匹配导致成年人出现叛逆期。中国在70多年内经历了经济体制更换、人均寿命倍增、科学技术快速迭代、经济体量爆发增长、国际竞争环境瞬息万变的剧烈变革。这让当今中国青年出现了特有的奥德赛时期，也可以理解为青年人的叛逆期。除此之外，人的主观性认知偏好带偏我们对事物本质的客观理解。这些都是我们不得不面对的难题。有些难题，我们需要交给政府，以减少市场的信息不对称对我们造成的负面影响，但有些问题，决定了我们必须提高自身的认知水平与生理局限，从而与其对抗。

当我们讨论人与技术的关系时，必须认识到，两者已经深深地、紧密地交织在一起，形成了一种互为存在基础的、不可或缺的关系。技术作为人类智慧的结晶，展示了我们对自然的理解和掌握。技术的发展不仅改变了我们的生活方式，也塑造了我们的思维模式和行为规范。它让我们站在巨人的肩膀上，看得更远，但也可能让我们失去对自身的理解。因此，我们有必要对技术的本质进行深入探讨，不仅是对技术理解的追求，而是为了更好地理解我们自身与技术的交互，揭示我们在技术矩阵中的位置和角色，以便更明智地利用技术，而不是被技术操控。

然而，我们要知道，探究技术本质并非易事。技术的快速发展，让我们有时难以跟上其步伐，信息的不对称、认知的限制和心理的局限都可能导致我们误解或者忽视技术的本质。但这并不意味着我们可以对此视而不见，相反，这些问题的出现凸显出理解技术本质的重要性。因此，我们必须通过大量的实践和深入的观察，不断积累和整合经验，去理解技术的内在规律，揭示其真实面目。这是一个需要耐心和毅力的过程，也是一个需要持续探索和反思的过程。

技术的本质理解不仅能帮助我们更好地利用技术成果，推动经济和社会的进步，更能让我们意识到，我们并不仅仅是技术的使用者，更是技术的创造者。因此，理解技术的本质，其实也是理解我们自身的过程。这不仅对于个体的自我认知有着深远的影响，也对于整个人类社会的未来发展具有关键的指导意义。只有深刻理解技术的本质，我们才能找到一种和谐的发展模式，使人与科技、人与文明能够共享繁荣，共赴未来。

然而，对于如何正确理解技术的本质，我们必须始终保持谨慎和清醒。技术的本质并非一目了然，也不是固定不变的。随着技术的不断进步，我们对其理解也需要不断进行修正和完善。毕竟，技术是人类智慧的产物，其本质也与人类的理解、经验和价值观息息相关。这就意味着，我们不能把技术看作独立于人类之外的东西，而应当把它看作人类自我表现和扩展的一种方式。这样，我们对技术的理解就不再局限于其物质形态和功能特性，从而进一步揭示其规律特征和社会效应。

技术既能带来利益也能造成危害，既能开启可能也能制约自由。因此，理解技术的本质，实际上就是理解技术如何与我们的生活、社会、经济和价值观相互作用。这种理解不仅可以帮助我们更有效地利用技术来改善生活，也可以使我们更有意识地避免技术带来的潜在危害。

同时，我们还要明白，虽然技术是人类的创造，但我们无法完全掌控它。技术的发展有其自身的规律和节奏，有时候甚至会超出我们的预期，带来无法预料的后果。这不是说我们应该恐惧技术,而是说我们需要对技术的发展保持敬畏之心,对其可能带来的影响保持警惕。

　　总之,技术的本质理解,对于我们深化人与技术关系的理解,对于我们引导技术向着更加人性化、社会化的方向发展具有重要的意义。我们应该用开放的态度和批判的精神去理解技术,去感受技术的魅力,去引导技术的发展,从而在技术的世界中找到我们自己的位置,实现自我与技术的和谐共生。

第三部分
农业、机械与电子

前面两个部分我们介绍了技术的本源之力来自镌刻在人类基因里的精神品质，如冒险、竞争、合作与社交。人类延续，精神不灭，技术就会一直受人的驱使不断创新并得到使用，从而影响着人类生活。同时，技术存在着两面性。虽然从长期来看，人类趋利避害的能动性总会把技术不利的一面限制在最小范围，并保证伤害的负面效应可控，让技术利好的一面造福人类，但任何人类个体都会定格在相对较短的时间段内去感受和认知周身事物与环境，其间我们会受到技术以外的因素干扰，如政治环境、利益集团的信息诱导、人自身的认知偏差等。为此，我们需要向外寻求其他人类知识（如书籍、专家意见等）的帮助，期望去打破个体受制的时空局限，竭尽努力让自己从更高的视角去俯瞰表象，试图将自己的目光赋上更强劲的势能，从而穿透表象，看到底层的规律和逻辑。这种积极的求知欲驱使我们不断探索，并赋予我们更深入的洞察力，使我们能够洞察事物的本质。

本部分我们对技术的本质进行探讨。我们将综合自身几十年的行业观察和上千家企业咨询服务的经验积累去穿过现象总结规律，向大家展示技术本质。在此，我们基于人类文明发展史的主要脉络，即农耕时代文明、蒸汽时代文明、电气时代文明以及信息时代文明，选取农业、机械、电子和人工智能等几个行业作为样本，来探讨技术的本质。需要说明的是，由于人工智能是目前极具前沿性和颠覆性的技术之一，与农业、机械、电子等行业最显著的区别之一在于它能赋能各个行业进行场景应用，应用过程中可能涉及一些伦理和社会问题，如隐私保护、数据滥用、人机关系等，行业复杂性远高于上述三大行业。因此，我们将在第四部分单独对人工智能进行介绍，以有助于我们更加全面深入地了解这一领域的技术和相关问题。

一、必然王国与自由王国

正态分布是自然界的一种普遍现象，如人类的身高和智商。有些人可能高达2.4米，有些人只有1.2米，但大多数人的身高在1.6米至1.8米之间，形成了一种正态分布。同样，在智商上，少数人智商低于70或高于130，而大部分人的智商集中在100左右，也形成了正态分布。这种分布形式体现了自然界的一种公平和规律,这也是正态分布的一种自然法则。因此,正态分布的特性被视为必然王国的象征。

按照马克思主义哲学的解释,必然王国是自然规律和社会规律统治的社会阶段。在这个阶段中,人们往往无法自由地实现自己的意愿和目标,人的努力主要是为了维持生存,而非追求自我发展和完善。相对地,自由王国是一个人们可以自由追求自己的目标和理想的社会阶段,人们在这个阶段可以摆脱外部因素的束缚,根据自己的意愿和目标选择劳动,其劳动主要目的是实现自我发展和完善,而非仅仅为了生存。毛泽东主席早在延安时期就在《自由是必然的认识和世界的改造》一文中,说明自由不仅包括对必然性的认识,还包括对客观世界的改造。他在1962年1月的中央工作扩大会议上的讲话也曾明确指出,人类的历史是从必然王国向自由王国不断发展的历史,这个历史永远不会完结。

在这样的理论视角下,我们可以重新审视自然界的正态分布。自然界的正态分布揭示了一个客观的规律,也就是正态分布的必然性。但是,随着人类的努力和认知的提高,我们可以更全面地理解这一规律,并通过有意识地应用这一规律来改造世界,从而推动社会的进步和发展。因此,通过人类的持续努力,在从必然王国向自由王国的转变过程中,我们有可能改变自然界的正态分布。

例如,金钱的分布并不像自然界的资源那样遵循正态分布。相较于最贫穷的1%的人,最富有的1%的人可能拥有的财富比他们多出数万倍。这是因为金钱不是自然现象,而是人类在追求自由王国的过程中创造出来的。权力的分配也是如此,少数人握有大量的权力,而大部分人处于社会的底层。这些资源的分配并不遵循正态分布,而是符合幂律分布,也被称为二八定律。也就是说,20%的人掌握了80%的资源,这种情况在权力分配中也是常见的。这样的现象是在必然王国向自由王国转变的过程中出现的,与正态分布大相径庭。

正态分布与幂律分布示意图如图3.1所示。

因此,我们可以推断,更接近自然状态的必然王国符合正态分布,而趋向自由王国的事物则更接近幂律分布。如果这是人类历史发展的普遍规律,那么我们可以使用这个规律来对行业进行分析,看看能得出什么结论。

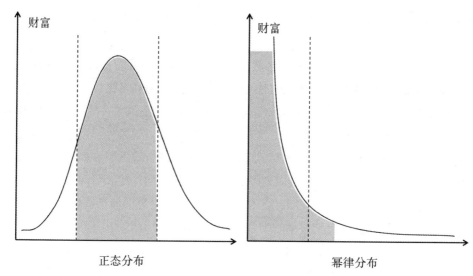

图3.1　正态分布与幂律分布示意图

在过去几十年里，我们见证了不同行业的兴衰更替。20世纪70年代，全民大办农业；80年代，机床等机械装备企业如日中天；90年代，冰箱等电子电器厂又红又火。然而，这些行业如今已不再像过去那样强劲，似乎已成明日黄花。我们不禁要问，为什么会出现这种情况？是因为这些行业已经不再被需要了吗？还是因为员工不够努力？但事实上，农业和制造业一直是我们社会的根本产业，没有它们，我们的日常生活就无法正常进行。那么，为什么这些行业会萎缩呢？

其实，这些行业的衰落并不是因为它们自身的问题，而是因为它们所处的必然王国特性。这些行业的发展符合正态分布，也就是投入与回报成正比的定律。但如今的微电子、软件信息等行业则属于幂律分布，其发展现状为"一分投入百分回报"，因此它们拥有更大的利润。这是因为，这些行业的创新与进步更多地依赖于技术、人才等"非必然因素"，而这些"非必然因素"往往呈现出幂律分布的特性。

科学是通过发现自然规律来推动人类认识和理解世界的学科，而技术是实现人类目标的手段和工具。科学追求真理，技术注重实用，但两者是相辅相成的。技术是在科学的基础上发展而来，为经济和社会服务。用经济学标准来衡量技术行业的进步程度是一种有效的方法。

经济学中有个重要的概念——边际成本，指的是每一单位新增生产的产品带来的总成本的增量。边际成本是衡量行业技术进步的重要标志。换句话解释，就是生产第二件产品的成本比生产第一件产品下降了多少决定了技术的进步程度。随着产品数量增多，单位成本下降越多的行业越先进。边际成本的概念可以帮助我们更好地理解各个行业的技术水平。

先来看看农业。如果想扩大生产，种第二亩地用的种子、化肥、农药等资源与第一亩地几乎相等，这就是"一分付出一分回报"。这就好比理发行业，一位理发师为一位客人理发需要30分钟，为第二位客人理发同样需要30分钟。理发师只有通过增加投入时间才能提高收入，但时间是有限的，理发师不吃不喝不休息每天最多只能工作24小时，也只能为48个人理发。如果有更多的顾客需要理发，就需要更多的理发师。这种依靠投入增加产出的行业，收入的差距不大，大部分人的收入都处于行业平均水平，呈现正态分布。这种单位成本随着数量的增加下降很少的行业，科技进步水平相对较低。

接下来，我们来看看机械制造行业。如果一个工人在没有先进设备工具的情况下制作一个螺栓需要花费的时间是0.5天，那么制作两个螺栓则需要花费1天的时间，所需材料也是制作一个螺栓的两倍，这意味着单个产品的成本并没有随着产量增加而下降，这显示出机械制造行业的科技进步水平较低。然而，当这个工厂老板采用机械化生产时，情况就发生改变，虽然生产设备投入成本高，但效率更高，随着螺栓生产数量的增加，单个螺栓的成本开始下降。可以看出，机械行业的进步程度要高于农业和传统服务业。但产品生产线的产能也是有限制的，比如，一条汽车生产线的年产能是10万辆，那么，一年内生产任务要是超过10万辆，就需要增加新的生产线，单车成本到了一定低位就很难再下降。所以，传统机械行业也属于正态分布，经营特别好的厂家和特别差的厂家都不多，大多数厂家处于中间状态，随着大势上下浮动。

如果说自然界的木杆、石块还算机械元素的话，那么电子元件则完全来自人类的创造。电子行业的技术进步要明显高于机械行业，冰箱、彩电等电器行业的规模效应更加显著，边际成本递减效应也远大于机械行业。电子相对机械的优势直接体现在产品的升级换代上，如电子表取代机械表、电子相机取代机械相机、收录机取代电唱机、电子血压计取代水银血压计等。家电产品市场被几家大企业瓜分，显现出幂律分布特性，20％的厂家赢得80％的利润。

软件产品相对于电子产品具有更少的自然限制，因此其边际成本递减效应要远高于电子产品。虽然开发软件需要大量的投入，但一旦投入使用后，其扩散成本非常低。与硬件相比，软件具有更高的可定制性和灵活性，可以通过不断更新迭代来快速响应市场需求。因此，在尽可能减少使用硬件的情况下，通过软件来实现不同的功能，可以实现边际成本的快速递减。以智能手机为例，它不仅仅是手机，还兼具手表、音乐播放器、照相机、录音机、导航仪等功能，用途十分广泛。

由于软件产品边际成本的快速递减，软件行业的集聚程度更高，近乎于寡头垄断。手机 APP 下载量前 1％ 的公司占据了全下载量的 70％，占据了行业利润的 94％。也就是说，剩下来的 99％ 的厂家只能争取 30％ 的下载量，且只能获得 6％ 的利润，软件行业的幂律分布特征更加突出。

农业、机械装备、电子电器、软件信息等行业的先后出现代表了人类文明发展的历程。人类在历经长久的农业文明以后，以工业革命为现代科技起点，又以极短的时间跨入电气时代和信息时代文明。在现代科技迅速发展的过程中，出现了大量总结人类智慧精髓的先贤，其中包括 20 世纪的美国心理学家和人类学家亚伯拉罕·马斯洛（Abraharm Maslow）。

1943 年，马斯洛提出著名的"需求层次理论"（该理论在 20 世纪 50 年代和 70 年代经过修改逐步完善），将人类的需求由低到高分为生理需求、安全需求、社交需求、尊重需求和自我实现需求五个层次。

这些需求在人类社会的发展中不断演变和升级，同时也与技术的发展密不可分。农业的发展，满足了人类最基本的生理需求，即食物的需求。机械装备的发展，提高了生产效率和质量，进一步满足了人类的生理需求和安全需求。电子电器和软件信息的发展，则为人类社交和沟通提供了更多的便利，满足了人类社交和尊重需求。同时，这些行业的不断创新和进步，也为人类自我实现需求提供了更多的机会和条件。

上述行业的出现，表现出技术在不断摆脱自然限制，由必然王国向自由王国不断接近。这也是人类需求在不断往上满足的过程。可以说，技术向上不断摆脱自然限制，向自由王国发展是人类需求推动行业发展的必然结果。

二、技术不断向上爬

根据人类中心主义学说：人是宇宙的中心，人可以征服、利用和统治自然界。人类发展科学技术，是为了了解自然的奥秘，从而找到征服和统治自然的途径和手段。人类发展经济的唯一目标是开发利用自然，取得经济增长。这是人类早期的观点，结果造成了环境的破坏。因此，这种观念已被摒弃，我们应建立起与自然和谐发展的世界观。

按照人类中心理论,科技是人类的工具,如果科技不是人类的工具,它是否具有意识? 它的本质又是什么? 尤瓦尔·赫拉利(Yuval Harari)在《人类简史》中提出:"有些人会说,人类驯服了小麦,然后小麦就变成了我们的奴隶,从此我们可以让它干我们想要它干的一切事情。不过,如果小麦真的会思考和感受,它也可以说人类是它的奴隶。小麦几乎完全依靠人类才能够存活和繁殖,因此,实际上,不是人类驯服了小麦,而是小麦驯服了人类。"克林顿·道金斯(Clinton Dawkins)在《自私的基因》中说:"我们是由基因构成的奴隶,我们的基因不会为了我们个人的利益而工作,而只是为了自己的利益。它们利用我们的行为,使得它们在整个物种的竞争中获得优势。我们的身体和大脑是基因的载体,而基因才是真正的自私者,它们不关心我们的福祉,只在意它们自己的延续。"小麦和基因都成了人类的主人,那么技术也应该独立于人类,有自己的"意识",如果有"意识",它的本质又是什么呢?[①]

让我们通过书写工具的演变来看看技术的工具性特征。最早的书写工具可以追溯到史前时代,人们使用石头在石板或龟壳上刻写符号和文字,进而演变成使用刻刀在竹简上刻字。这些工具简单粗糙,需要人工雕刻每个符号,虽然效率低下,但为人类记录和传播信息提供了基本手段。

随着时间的推移,人类发明了毛笔,它使用动植物的毛发制成笔头,配合墨水在纸或绢布上书写。毛笔的出现极大地提高了书写的效率和舒适度,成为古代文人墨客书写的重要工具。进入中世纪,毛笔逐渐演变为钢笔,使用金属笔尖和墨水储存罐,使得书写更为流畅和持久。

而今,随着电子技术的飞速发展,电子设备如平板电脑和电子书写板,使得书写不再依赖于纸张和墨水,而是可以直接在电子屏幕上进行,同时还能进行存储、编辑和分享。

从史前时代的石头刻刀开始,到毛笔和钢笔的发明,再到现代电子书写技术的应用,清晰地展示了书写工具在功能和技术应用上的持续进步和演变,反映了技术如何不断提升工具的功能、便捷性和智能化水平,以适应人类日益增长的书写需求和使用体验。而且这种技术"向上满足"的特性,并不是个案,它具有共同性。

我们可以进一步将技术"向上满足"的特性应用于行业的考察中。生物进化理论的开创者拉马克(Lamarck)主张,无论是植物还是动物,都按照一定的自然顺序

---

① 这里只是便于表达我们的后续观点将技术拟人化,其实技术无法独立于人,这点我们在第一部分"本源之力"已分析过。

从简单到复杂、从低级到高级进行进化。这种进化是呈树状分布,不仅向上发展,也向各个方向延伸。我们以农业为例,最基本的产品是粮食,它的升级版是蔬菜。粮食为人类提供基本能量,而蔬菜则提供了人体所需的各种维生素和矿物质。水果和茶叶在某种程度上比蔬菜更高一级,它们不仅提供了营养,还充当了社交的角色,比如聚会时,大家围坐在一起,品茶、吃水果等。如果农业再进一步升级,那就是酿酒业,酒的功能已经达到了农业产品的顶级,触及了人的精神层面。粮食、蔬菜、水果、茶叶、酒,从营利角度来看,这是农业技术逐级向上发展的过程。如图3.2所示。

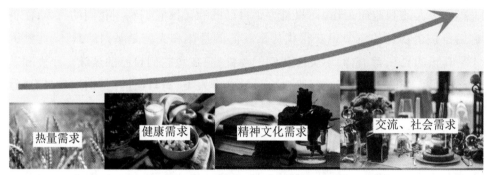

热量需求　　健康需求　　精神文化需求　　交流、社会需求

图3.2　农业技术向上发展的过程

机械技术的进步与发展也反映了这种"向上满足"的特性。在技术的早期阶段,我们看到了如杠杆和滑轮这样的基础设备,它们的主要功能是放大力量。随着技术的发展,我们得到了如车辆和机床这样的中级产品,它们的主要功能是传递运动。最后,我们看到了如钟表和录像机这样的高级产品,它们的主要功能是记录和处理信息。

这个过程揭示了技术发展的一种内在动力,即不断满足更高层次的需求,不断"向上爬"。如果技术是一个有意识的实体,那么它的本质目标就是"向上爬"。这种"向上爬"不仅表现在产品的功能和效果上,更体现在如何更好地满足人类需求和促进社会发展上。在这个过程中,技术不断挑战和拓展自身的可能性,同时也推动了我们对于可能性的认知和理解。如图3.3所示。

那么电子行业呢? 在电子技术的早期,基本功能主要集中在信息传递,比如收音机、电话、广播和电视等。随着技术的进步,电子产品开始发展为存储信息的功能,如磁带、硬盘、录音机和CD等。更进一步,我们看到了有计算功能的电子产品的出现,如运算放大器等。

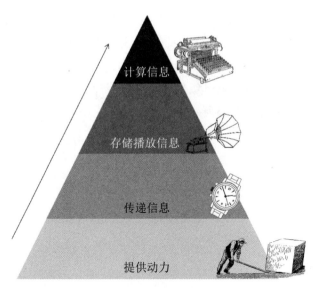

图3.3　机械技术发展

这个过程不仅揭示了电子技术的发展趋势,也反映了人类对信息处理需求的升级。从最初的传递信息,到存储信息,再到计算信息,这是一条明显的升级路径。如图3.4所示。

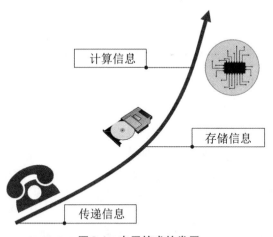

图3.4　电子技术的发展

在前面我们提到,技术的本源之力是镌刻在基因里的不断创新、不断探索新知等精神品质。技术的发展也是由人类的需求推动的,且这种需求在不断进化和变化。这就清楚地表明了,技术在我们的需求驱动下向上发展,人类赋予了技术一种内在的上升动力。

技术的不断进步是一种自我救赎的行为,因为技术创新是差异化竞争的必然手段。在同一技术层面上纠缠只会导致"内卷"现象,也就是竞争激烈到达到一种负面效应。技术的向上发展可以产生稀缺性,这种稀缺性使得衍生产品有了新的生命力。

实际上,所有的事物都会从低级发展到高级,不断地创新和升级是避免产品停滞在低水平上的关键。如图3.5所示。

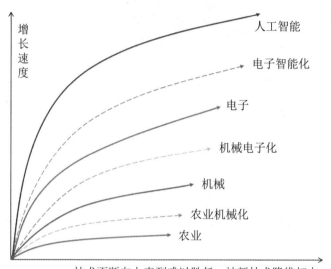

图3.5 技术增长的本质

结合实例分析可能更易清楚地表达这个理论。21世纪初,中国经济开始起飞,城市建设步伐加快,现代化的摩天大楼如雨后春笋般崛起。楼宇智能化需求大幅增长,智能建筑技术应运而生,其中包含综合布线、语音电话、公共广播、有线电视、安防监控、暖通设备控制等10多个项目。由于专业跨度大,一座大楼的智能化项目常由七八家公司分包。初期建高层建筑的单位愿意在智能化项目方面投入资金,但是大部分智能化设备的核心技术被霍尼韦尔、西门子、江森等国外巨头掌控,导致国内智能建筑公司的施工利润不断变少。几年后,这些公司的运营陷入困境。

不过建筑市场庞大,鱼龙混杂,到处都是赚钱的地方。有的智能化公司将产品简化,用低价进入低端市场;有的公司在做智能化的同时,向业主搭售周边产品,如做门禁、卖大屏、卖电脑,甚至还代销过打印纸。这些老板的眼里,到处都是赚钱的机会。可是20多年过去了,这些公司不但没有发展起来,反而大部分都因经营不善倒闭了。然而,同在浙江的海康威视却专注提升智能化产品的性能,正所谓"遍地都是六便士,他却抬头看见了月亮"。当时智能大楼的信号混乱,语音用电话线、视频用同轴电缆、电脑数据用双绞线,施工十分繁杂,使用也不方便。特别是视频监控,当时监控还是模拟制式,主流产品有日本松下、美国帕尔高、韩国三星等。产品不仅没有后处理功能,连磁带都还要人工倒换,性能十分落后。海康威视开发出了数字音视频监控系统,实现了电信网、计算机网和有线电视网等三大网络的物理合一,也打开了计算机图像处理的大门。正因为这种坚持技术向上发展的理念,使得海康威视成为行业里的翘楚。在技术行业里,有些企业家不放过任何能赚钱的机会,他们的目标只是为了赚取最大的利润,而不是为了实现更大的目标。虽然眼前的小钱可以带来短期的利润,但是追求更大的目标可以给公司带来更长远的发展,甚至造福于整个社会。企业家们如果树立了合理且远大的目标,就有可能创造出更具有价值的产品和服务,帮助行业解决更大的问题。

同样的例子还有,在诺贝尔文学奖获得者维·S·奈保尔(V.S. Naipaul)的作品《印度——受伤的文明》中,他描绘了一个形象的例子:印度的技术精英花费大量的精力和资源,试图通过先进科技提升牛车的效能,却未尝试引进发动机来替代牛车。他们为农民设计了许多复杂且精致,但实际上并无实用价值的农业工具,然后对这些无用的创新深感自豪。由于这种自我陷入的内卷现象,印度长时间在低效率的轮回中徘徊,直到莫迪上台并实施改革开放政策,才打破了这种僵局,实现了科技和经济的升级,从而实现了经济的快速增长。

其实,人类历史发展的每一步,无不是对欲望的逐步满足和对未知的不断探索。在这个进程中,技术的发展充当了关键的角色。事实上,人类的技术进步既是欲望的驱动,也是对欲望满足的实现。正是人类赋予了技术不断向上的发展动力,使得我们的社会能够在科技进步的道路上越走越远。

从石器时代的石头和木棒,到工业革命的蒸汽机,再到现代的人工智能和量子计算机,每一次技术的突破和革新,都是人类欲望的具象化。这些技术让我们能够更好地生存,更高效地生活,更深刻地理解我们的世界。

然而,技术的发展并非总是平稳的。人类对于未知的欲望和探索,往往会带来新的挑战和危险。核能技术的出现,既给我们带来了近乎无尽的能源,又带来了毁灭性的武器。互联网的普及,既让信息传播变得前所未有的便捷,也带来了网络犯罪和隐私泄露的问题。

尽管如此,人类的欲望并没有因此停止。我们仍然渴望更高效的能源、更便捷的交通和更智能的设备。这种渴望驱使我们不断对技术进行创新和改进,使技术不断向更高的水平发展。

事实上,技术的发展并不仅仅是满足人类欲望的工具,它本身也成为了人类欲望的对象。我们渴望掌握更多的技术，渴望通过技术改变世界，甚至改变我们自己。这种欲望不断推动我们在科技发展的道路上前行，不断突破自然的限制，不断向"自由王国"发展。

可以看出，人类技术发展的历程是人类欲望不断满足的过程。在未来，随着人类对于未知的探索和对于欲望的追求，可以预见，技术的发展将会持续不断，我们的世界将会因此变得更加美好和先进。但我们也必须意识到，随着技术的发展，我们需要承担更多的责任和挑战。

技术的发展离不开人类的欲望，但人类的欲望也应当以理性和责任为导向。我们应该珍惜技术带来的便利和发展机会，同时对技术赋予的力量保持敬畏之心。只有这样，我们才能在技术发展的道路上行稳致远。

设想一下，如果我们能够在满足欲望的过程中很好地平衡人类利益与技术发展之间矛盾，我们一定会期待技术无边界地前进，不断为我们带来新的满足。然而，令人遗憾的是，这种设想并不符合技术的实际发展规律，因为技术不可能无限制地进步，不断地为我们提供利益。这是因为技术的发展受到科学规律的约束，存在一定的边界。简单来说，技术的发展有其自身的限制和边界。

每一项技术，无论是农业技术、机械技术还是电子技术，都有其天然的发展边界。这个边界可能由物理定律、资源约束或者市场需求等多种因素共同决定。当一项技术逼近或触及这个边界时，它的发展速度往往会放缓甚至停滞。在这个阶段，人们需要投入的资源和时间越来越多，但得到的回报却越来越少。

三、技术发展受限

1. 行业限制指数

人类赋予了技术"向上爬"的内在驱动力，"向上爬"是人类的基本特性。美国心理学家劳伦斯·彼得（Laurence Peter）在研究组织内部人员晋升现象后，得出了一个结论：在各种组织中，由于习惯于晋升在某个级别上表现出色的员工，员工往往会被晋升到他们无法胜任的位置。这就是所谓的"彼得原理"，也被称为"向上爬"理论。在现实生活中,这种现象无处不在:一位称职的教师被提升为校长后,却发现自己无法胜任;一位优秀的运动员被提升为体育主管后,却发现自己束手无策。

技术的发展也是如此:农业的高级产品——烟酒,其带来的好处无法与低级产品粮食相比;随着人们健康意识的提高,烟酒产品的社交功能需求也逐渐减少。机械的高级产品——机械手表,作为信息传递的基本功能也已经被石英表和智能穿戴设备取代,日本的石英革命曾对瑞士机械表产业造成了巨大的冲击,1974—1983年,瑞士钟表和机芯的产量以及员工总数都减少了2/3。电子的高级产品——如磁带、硬盘、收录机、CD等存储信息的产品已经被互联网时代的流媒体音乐完全取代,计算信息的电子产品——运算放大器也已被软件算法所取代。

所有这些技术产品都达到了其所在行业的最高水平,然而也都开始显现出"无法胜任"的迹象。每种技术都有多种用途,其中基础的用途构成了这个行业的根基,这种产品永远是不可或缺的。然而,技术的内在驱动力会使其向上攀升,创造出新的产品来满足更高级别的需求,这就是技术创新。但在这个不断攀升的过程中,产品会接近其技术的极限,逐渐显现出无法胜任的情况,最终被更高级行业技术所取代。

那么,为什么会出现"无法胜任"的现象呢? 这是因为每个行业都存在其无法逃脱的行业限制定律。

为了理解这个问题,我们首先需要明白科学与技术之间的关系。科学研究是一个系统化、有目的和有组织的活动,它旨在获取新知识,理解自然现象及其规律,解决具体问题或发展新的技术。而技术活动则是一种实践性活动,它利用科学知识和技能来创造、设计和生产实用的产品和服务。从这里我们可以看出,技术是科学的应用,而每个行业都必须遵循其相应的科学规律,这些规律实质上构成了这些行业的限制定律。

这些限制定律决定了不同行业的技术水平有所不同,这是技术的本质属性,与行业从业者的努力与否无关。例如,农业是人类早期的生产活动之一,他们通过种植和养殖等方式生产农产品。作为典型的资源密集型行业,农业生产高度依赖土地、水源和阳光。这种行业的自然属性强烈,农业生产必须遵循自然规律,如春播、夏长、秋收、冬藏,这就是为什么北方无法种出南方植物的根本原因。

再比如机械技术,其主要研究的是物体间的相互作用,必须遵循牛顿定律,即动作的大小与反作用的大小是相等的,机械无法违反这一定律。电子技术的核心是电子线路，它们必须服从基尔霍夫定律，即在一个闭合电路中，电势的升高和下降总和等于零，这就是电子技术中所说的电势差总和为零的原理。

信息技术的核心是计算机，计算机的功能主要取决于软件，而软件编写则必须服从编程语言的规则。大数据技术，从本质上来说是人工智能技术，主要利用深度学习方法，按照最基本的规则进行自我学习和推理，从而代替人完成相应的工作。

在科学发展的历程中，我们可以观察到一个明显的规律：新发现的科学定律或方法往往更为先进。以几个重要的科学发现为例：牛顿定律在17世纪末提出，基尔霍夫定律在19世纪中期提出，计算机语言在20世纪中期出现，而人工智能深度学习方法则是在21世纪初提出。这些发现的时间顺序和它们的先进程度正好一致，也就是说，越晚发现的科学定律或方法越高级。这种趋势反映出科学的本质特征，即在前人的基础上不断发展和提高。这些定律和方法对应的行业技术的先进程度也有相同趋势。

在实际的技术发展中，我们也可以看到类似的规律。例如，机械产品不断被电子产品所替代，包括机械表、机械照相机、机械收录机等。同样地，电子产品也在不断被软件产品所取代，如电子表、电子照相机、激光唱机等。在此不一一列举。

然而，这并不是说落后的行业就会消失，而是指这些行业中的低端部分将会留存，高端部分则会被更先进的技术所取代。这是因为每个行业的基础部分都有其独特的价值和作用，不可或缺。而高端部分则需要不断创新和发展，以满足人类对更高级需求的追求。

机械行业的低端功能是传递力，例如大型机械注重大功率。这类产品生产简单、价格低廉，具有不可替代性，将永远留存。而机械的高端功能是传递运动，强调精度，如机械手表。这类产品生产困难、价格较高，易被电子产品所取代。

电子行业的低端功能是传递信息，如通信装置，这类产品将永远存在。高端功能是信息获取，如磁卡、射频识别（RFID）等读取装置，因其安全性较差，正在被指纹、二维码等光学信息产品所取代。

信息行业的低端功能是获取数据，例如摄像装置，这类产品将永远存在。高端功能是分析和决策设备，如信息家电、智能家居，这些很快将被人工智能系统所取代。

为什么会有这样的趋势呢？农业是最基础且相对来说生产效率较低的行业，因为它受到大自然的限制，遵循春播、夏长、秋收、冬藏的规律，这个规律无法打破。牛顿定律同样是自然界的规律。然而，基尔霍夫定律开始脱离现实世界，它适用于人造世界(电路)中的规律。软件编程规则则是人为设定的规律,以追求高效为目标。人工智能的运作规律更是摆脱了现实世界的束缚。

这些行业限制定律的递进,实际上反映了从必然王国向自由王国的发展过程,同时也表现为行业技术水平由低到高地进化。科技需要创新,创新需要依从相应的规律。技术也会发展,它的发展也离不开相应的定律。

如果说行业发展存在"天花板",即指行业必须遵循的科学定律,那么"天花板"的高低取决于这些规律与自然现象的关联程度。例如,农业受季节变化的影响,机械受牛顿定律(如惯性定律、加速度定律等)的约束,电学受基尔霍夫定律(如闭合回路中所有元件两端的电势差的代数和等于零)的制约,信息通信的限制是协议(如3G、4G、5G等),而软件的运行规则则完全由人为确定。通过比较这些行业的限制定律,我们可以看到:从农业、机械、电子、信息通信到软件的产业升级过程,实质上是摆脱自然界限制的过程,同时也是"天花板"逐渐提高的过程。高"天花板"行业的产品替代低"天花板"行业的产品正是降维打击的体现,正在发生的"软件定义汽车"便生动地展示了这个过程。

每个行业的限制定律决定了行业发展的宿命。各行业都有必须遵循的技术(物理)限制定律,行业发展必须符合科学定律,这便是科学引领技术的表现。违背科学原理的技术是不可能存在的,例如,永动机无法制造成功,因为它违背了热力学定律。然而,各行业的限制定律各有特点,我们可以用"限制指数"来区分这些定律,进而衡量行业的科技进步水平。受自然限制越强,限制指数越大,行业的"天花板"便越低。

行业发展速度可以用来描述行业限制指数。传统行业受自然限制较大,发展速度相对较慢;高技术行业受自然限制较小,发展速度相对较快。我们可以根据人类文明发展过程中,先后出现的农业、机械、电子和微电子行业来进行一个粗略的分析。

首先,从农业说起。粮食生产完全依赖自然环境,亩产增长缓慢。根据吴慧《中国历代粮食亩产研究》中的数据和国家统计局数据,水稻从秦汉时期的125公斤/亩[①],到唐朝的172公斤/亩,到现代的不过500公斤/亩左右,2000多年的时间水稻亩产也就增长4倍左右。如图3.6所示。

---

① 1亩约合666.7平方米。

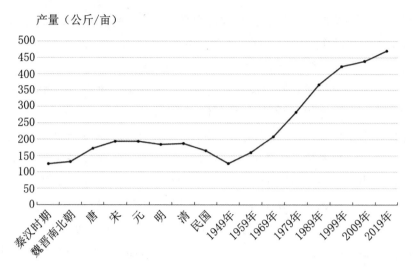

图3.6 水稻产量变化图

其次，发动机为机械提供动力，促进了工业革命的发展，是机械行业的代表性产品。衡量发动机的性能指标是热效率，1776年，最早的内燃机热效率是2％，1860年是4.5％，在此后近百年中，以0.5％的速度缓慢提高，到了2000年达到40％，今天F1赛车的动力单元热效率也只有50％左右。250年中，内燃机的热效率增长了25倍。如图3.7所示。

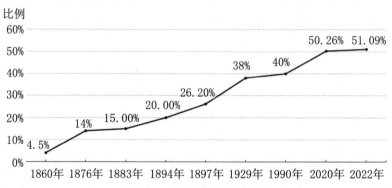

图3.7 内燃机热效率变化图

再次，移动通信是电子行业的代表。20世纪80年代出现了1G通信，其速率为2.4 Kbps，后来2G为64 Kbps、3G为2 Mbps、4G为100 Mbps，现在5G为1 Gbps。40多年中，通信传输速率增长了4万倍。如图3.8所示。

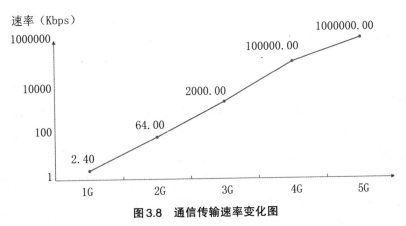

图3.8　通信传输速率变化图

最后，来看微电子行业的情况。著名的摩尔定律就是描述微电子发展速度，即集成电路芯片上所集成的电路的数目，每隔18个月就翻一番。按此计算1970—2000年的30年间，同等面积上，芯片的电路数目就增长了100万倍。30多年，微电子的电路数目增长了100万倍。

从上述不同行业发展速度可以看出，受大自然限制强的农业、机械行业，发展速度慢，接近线性增长，所谓"一分投入一分回报"。而受大自然限制少的电子、微电子行业发展速度很快，前期投入大、回报少，后期投入少、回报大，所谓"一分投入百倍回报"，接近幂律增长。

高新技术行业越发达，对大自然的依赖就越小，受大自然限制的程度也越小，越接近自由王国。那么，为什么我们说对自然依赖大的行业，其发展速度一定会较慢呢？这是因为我们无法改变自然依赖的部分，只能通过改变行业内非自然依赖部分（如技术、人才等）去推动技术创新，从而降低成本，提升行业的附加值。

农业高度依赖土地、水源和阳光，这些都是自然属性，它是一种公平的行业，例如，产出2吨粮食所需的土地、种子、化肥是产出1吨粮食的两倍。在农业中，人类能改变的部分不足10%，因此，无论多么努力，很难实现高回报。

机械行业对自然界的依赖虽然较小，但其基础材料仍然来源于大自然，例如，制造两台机床所需的钢铁是制造一台的两倍，这部分从大自然获取的资源仍然是公平的。然而，即使在普通机床中，材料最多也只占成本的50%，因此，机械行业对大自然的依赖最多为50%。另外的50%是技术带来的增值，例如，采用模具冲压成型等技术，可以实现"一分投入两分回报"。

电子产品所需的材料远少于机械产品，因此对自然界的依赖更少。据业内分析师估计，目前相机中的原材料成本约占相机总成本的30%。相机的主要原材料包括传感元件、镜头、电子元器件等，其中CMOS（互补金属氧化物半导体，一种先进的半导体制程技术）传感器占比最大。而CMOS传感器采用的是微电子工艺生产,所需原材料极少。因此,电子产品对大自然的依赖约为30％,其余70％的部分趋近于自由王国,受限较少,可以通过科技进步实现"一分投入十倍甚至更高的回报"。

对于软件信息行业,除了对运行的硬件环境有所依赖,基本上已经摆脱了大自然的限制。一个产品服务一个人和服务一万人,差别仅在于消耗更多的电力。因此,软件信息行业对大自然的依赖可能只有10％。

行业限制指数是一个衡量行业受到科学定律和自然资源依赖程度的指标。这个指数的大小反映了行业在技术创新上的可塑性,即一个行业能有多大的空间通过技术改进提升其效率和价值。同时,该指数也可反映行业的发展潜力,它可以帮助我们理解一些行业能够通过技术创新快速发展,而一些行业则发展较慢的原因。如图3.9所示。在这个过程中,我们也看到了人类从必然王国向自由王国的发展趋势,这是一个由自然资源依赖向技术创新依赖的转变过程。

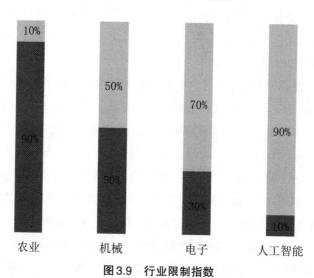

图3.9　行业限制指数

2. 行业增长周期

行业技术的发展呈现出周期性规律,这一现象源于各行业受其固有的科学定律限制,表现为各自的行业限制指数。每个行业的发展周期可划分为三个阶段,即跃迁、增长和内卷。

跃迁阶段是行业高速增长的初期,这个阶段通常基于关键的科学发现,使得新的技术或方法可以被应用于行业中。这个阶段相对较短,却是行业发展的关键起点。接下来是增长阶段,这是通过技术创新推动的一段相对较快的发展阶段。在这个阶段,基于新的科学发现所创新的各种技术被广泛应用,从而产生显著的效益。然后是内卷阶段,这是当行业技术已经接近或达到其潜在的技术极限时进入的阶段。在这个阶段,由于技术创新难度增大,行业往往需要大量的投入来维持其存续和发展。

值得注意的是,跃迁期和增长期的总时长大约只占整个行业生命周期的20%,其余的时间则是在内卷阶段度过。在内卷期,需要新的科学发现以振兴行业发展,进而开启新一轮的跃迁、增长和内卷。我们将这种能够打破现状并引领行业进入新发展阶段的科学发现称为"破局"。如图3.10所示。

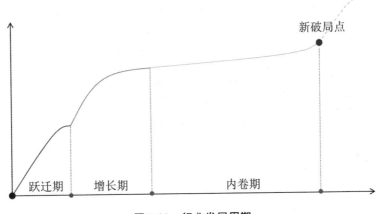

图3.10　行业发展周期

让我们通过中国农业的发展历程来具体理解这个周期性规律。在约5000年前的新石器时代晚期,刀耕火种是主导的农业生产方式,也是人类最早的农业实践形式。这种原始农业方式为后续的农业文明奠定了基础。借助刀耕火种,人类得以破土播种,同时利用火焰清除杂草、昆虫和病害,以此为作物创造更好的生长环境。这种农业实践对人类社会的发展产生了深远影响,促使人类过上稳定的定居生活,并逐步形成农业社会和农业经济。

战国时期,垄耕技术应运而生。这种技术通过将土壤整理成垄(也称为田埂、田岸、土堤等),在垄与垄之间种植农作物。垄耕提升了土壤的通气性和排水性,有利于植物根系的生长和水分调节,同时也有助于集中管理杂草,确保农作物的养分。秦汉时期,垄耕技术的广泛推广使得农业产量大幅提升(秦汉时期亩产约为

250斤^①），标志着农业进入增长期。然而，随后便进入内卷期，农业产量的提高主要依赖大量劳力投入和精耕细作的实践，这种模式一直延续到了20世纪70年代末。

改革开放时期，农业开始使用化肥，标志着农业进入了第二个周期的"破局"阶段。接着，粮食产量大幅度提升，增长期再次来临（据国家统计局数据，1984年粮食亩产为716斤，是秦汉时期的2.8倍，2012年突破亩产900斤）。然而，随着化肥产能的增长，农业很快进入了第二个内卷期，人们靠加大化肥投入来提升产量。目前，我们正处于第三个"破局"点，即通过采用生物技术培育杂交品种，以期进一步推动农业的发展。

机械行业通过内燃机技术的发现和使用实现了技术的跃迁，并通过自动化、数控等技术创新实现了快速增长。而当机械行业的技术发展到顶峰时，随着内需市场的逐渐饱和和产业结构的转型，机械行业需要寻求新的技术突破和应用，如工业机器人、3D打印等，来实现第二轮的增长。

电子行业也经历了类似的过程。电子行业通过半导体技术的发现和使用实现了技术的跃迁，并通过集成电路、计算机等技术创新实现了快速增长。然而，随着市场的竞争加剧和技术进步的趋缓，电子行业也需要不断地进行技术创新，例如人工智能、区块链等，以实现第二轮的增长。而近期中国科学院研制的光芯片技术一旦成熟，将很有希望促进电子行业的第三轮增长。

技术发展的演变历程中，行业限制定律在很大程度上决定了技术进步的速度和路径。每一个行业都具有其独特的限制指数，它揭示了行业内部技术发展所面临的内在和外在约束。这些约束因素使得各个行业的技术发展都表现出明显的周期性特征，包含由科学突破引发的跃迁期、由技术革新驱动的增长期，以及缺乏技术突破的内卷期。这三个阶段共同勾勒出了行业技术发展的普遍轨迹。

在科学突破的跃迁期，新的科学理论和发现为行业技术的跨越式发展提供了推动力。在这个阶段，技术创新活跃、科学理论的实际应用，孕育出具有极大发展潜力的产品和服务，推动行业进入快速增长的阶段。

紧接着是技术创新的增长期。在这个阶段，新的技术和应用如雨后春笋般涌现，行业内的竞争加剧。为了在竞争中保持优势，企业和研究机构需要不断进行技术创新。然而，随着技术的进步，行业发展可能会遇到瓶颈，此时便进入了内卷期。

在技术进步趋缓的内卷期，行业发展的步伐会开始放慢。此阶段，企业和研究

---

① 由于秦朝之前并未统一度量衡，因此未有精准的水稻亩产记录。

机构可能需要大量投资来维持行业的运行和发展。然而,只有通过新的科学技术,我们才能打破这种僵局,实现下一轮的技术跃迁。

以农业、机械、电子和软件信息等行业为例来观察这种过程。农业的发展历程可以追溯从人力、畜力的利用,到机械化的采用,再到当下的智能化阶段。机械行业则从简单的手工制作,经历了流水线生产,进而达到现代的自动化和智能化制造,体现了数次技术跃迁。电子行业的发展历程是从电子管、晶体管发展到集成电路,最终达到现在的纳米电子和量子电子阶段。软件信息行业从最初的机器语言编程,经历了大数据处理的阶段,现已发展到人工智能阶段,这些都是在不断地技术跃迁和增长中推动行业进步的关键节点。

然而,所有这些行业在发展过程中都会经历内卷期。例如,农业在提升产量的过程中,也面临了土壤污染和生态环境破坏等问题;机械行业在迈向自动化和智能化的道路上,也遭遇了技术瓶颈和投入产出比下降的挑战;电子行业在追求更小、更快的元件时,也碰到了物理极限和制造难题;软件信息行业在处理大数据和发展人工智能时,也面对了隐私保护和道德伦理的问题。

在行业经历内卷阶段时,虽然增加投入是常见的应对策略,但这并不能从根本上解决存在的问题。真正能够打破僵局、推动行业进入下一个跃迁期和增长期的,是新的科学发现和技术突破。

总的来说,一个行业的技术发展往往是一个周期性过程,它包括科学发现带来的跃迁期、技术创新驱动的增长期以及缺乏技术突破的内卷期。唯有依靠新的科学发现和技术创新,我们才能打破内卷的困境,推动行业走向下一阶段的发展。这便是技术限制定律在行业发展中的具体体现。

四、行业内卷

"内卷"这个词最初来源于社会学,用来描述一个社会、经济或者文化系统内部的竞争和压力,使得系统的成员为了保持或提高自己的地位,必须投入更多的努力和资源,但整体效益并没有显著提高,甚至可能出现停滞的情况。这种现象在中国的学术界被称为"内卷化"。

在行业领域，内卷通常描述的是一种行业竞争激烈，大家争抢有限的市场份额，但总体行业规模并没有显著扩大的情况。行业内的企业为了保持竞争力，可能会加大投入，提高产能，但这种增长并没有带来相应的利润增长，反而可能导致利润下降。长期下去，可能会导致行业整体发展趋势走向停滞，甚至可能出现衰亡的情况。这种现象就被称为"行业内卷"。

考虑到行业在大多数发展时间里处于内卷阶段的情况，我们有必要对这个阶段进行深入研究和理解。内卷阶段，也就是行业发展面临的瓶颈阶段，往往意味着技术进步的减缓、投入回报比的下降，以及竞争压力的加剧。这一阶段的出现，往往是行业内部的资源配置不均、技术创新的难度加大，以及市场需求的变化等多种因素共同作用的结果。

分析和理解行业的内卷阶段，有助于我们深入洞察行业的发展趋势，判断当前处于何种发展阶段，预测未来可能出现的挑战，为决策提供依据。同时，我们可以通过研究内卷阶段的成因，找出避免内卷或者打破内卷的有效途径，比如，寻找新的技术突破点、优化资源配置机制、改变行业竞争结构等。

此外，深入了解内卷阶段，也有助于我们发现行业内潜在的机会。在内卷阶段，虽然整个行业的发展速度可能会放缓，但同时也可能孕育出新的增长点，为行业的再次跃迁提供可能。

因此，对行业内卷阶段的深入分析，不仅对我们理解行业的发展规律、作出明智决策具有重要意义，也对我们发现新的业务机会，推动行业的健康发展具有积极的影响。

1. 没有基础研究，行业易陷入内卷

我们常听到这样一句话："应用研究倒逼基础研究，基础研究引领应用研究。"那么什么是基础研究，什么是应用研究呢？基础研究是指为了获得关于现象和可观察事实的基本原理的新知识（揭示客观事物的本质、运动规律，获得新发现、新学说）而进行的实验性或理论性研究，它不以任何专门或特定的应用或使用为目的。应用研究是指为获得新知识而进行的创造性研究，主要针对某一特定的目的或目标。该研究是为了确定基础研究成果可能的用途，或是为达到预定的目标探索应采取的新方法（原理性）或新途径。如果说基础研究是寻找客观规律、认识世界，应用研究就是为了达到预定目标、改造世界。这样来看，基础研究靠近科学，应用研究靠近技术，科学求真，技术务实。万有引力的发现，为内燃机的发明提供了理论基础，因为内燃机的工作原理需要理解力和运动的关系；电磁感应的发现，为电灯

和电话的发明奠定了基础,因为它们的工作原理都需要理解电和磁的关系;最后,赫兹的电磁波发现和麦克斯韦的电磁理论,为移动通信的发明提供了关键的理论支撑,因为无线通信需要理解电磁波的传播原理。

基础研究与应用研究的关系也和科学与技术的关系类似,科学重在发现客观现象,技术重在造福人类。技术受到科学的引领,为经济服务。如果说科学发现好像源泉,技术应用就是修筑的渠道,将水引入到不同的田块,滋润不同的植物生长。基础研究与应用研究是一个矛盾的两方面,科学发明占据主导侧,这就是"基础研究引领应用研究",没有发现电磁感应现象,就不会有变压器,也就没有今天的电气世界。但任何事物都存在两个方面,在一定条件下,矛盾的主次关系也会转变,如果基础研究完全脱离实际,就会变成空中楼阁、镜中月、水中花,所谓"需要乃发明之母",这就是应用研究倒逼基础研究。

没有基础研究,行业就会拼技术,靠技术堆砌来达到更高的要求,但始终突破不了该技术的"天花板"。突破不了"天花板",用户体验难以大幅提高,产品就只能靠降价来销售,从而导致行业花费越来越大,销售价格越来越低,行业就会被做垮。要突破这层"天花板",只能靠基础研究提供的成果,利用新技术方式才能达到。

我们可以用手表的发展历程作为例证。早期,机械表的误差较大,行业内的解决方案主要集中在增加速比和级数以降低误差,并利用红宝石这种坚硬、耐磨的材料制作轴承,以降低摩擦系数并提高计时精度。在这个过程中,竞争的焦点主要在于谁的手表中有更多的宝石轴承,也就是所谓的"钻数"。于是,市场上出现了18钻、20钻,甚至25钻的手表,这就是行业内卷的一种体现。但是,即使采用了这么多的传动技术,机械表的每日误差仍然在分钟级别,各家的精度指标基本相同。在这种情况下,增加销售量的主要方式就变成了降价,导致行业陷入困境。

然而,随着电子技术的发展,新的技术开始渗透到手表行业。科学家们发现,如果在石英片上施加电压,石英会以32768赫兹的频率准确地振动。如果将这个频率分频至1赫兹,再增大信号幅度,用这个信号驱动转子齿轮,手表的秒针就会随之转动。于是,1969年12月,日本精工舍推出了全球首款石英电子手表。这款手表以其准确的走时、低廉的价格和便捷的使用性,一举击败了传统的机械手表。如今,以半导体和人工智能等先进技术为基础的智能手表已经主导了市场,成为基础研究引领应用研究的一个典型案例。

由此,我们可以看到一个清晰的模式:当行业发展进入一个阶段,其中的技术和资源已经高度集中,且接近技术的极限,高投入与低回报并存,边际效益递减时,行业就会陷入所谓的内卷期。此时，如果只是依赖现有的技术和资源，仅仅在已有的框架内增加投入，往往无法从根本上打破内卷的僵局，反而可能加剧内卷的程度。

正是基础研究的进步和新的科学发现，为行业的发展带来新的可能性和活力，引导行业进入新的跃迁期和增长期。例如，在手表行业的例子中，当行业内卷到以"钻数"竞争的时候，正是石英振荡器和电子技术的引入，打破了内卷的僵局，使得手表行业得以迎来新的发展阶段。

因此，基础研究的价值在于，它能够从更深层次上探索世界的运作规律，为行业发展打开新的道路，帮助行业脱离内卷的困境。只有保持对基础研究的持续投入和重视，才能避免或者缓解行业的内卷现象，引领行业持续健康发展。

2. 伪需求造成内卷

某健身器材商店老板，在健身热潮中感受到了顾客需求的变化——许多顾客开始询问最新的健身器材和技术，如高科技监测设备、智能跑步机和电动自行车等。他们表达的需求看似是为了追求更健康和更先进的锻炼体验，然而，商店老板发现有些顾客购买这些新型设备并不是因为真正需要，而是因为社交压力或者盲目追求潮流。例如，一些人可能买了智能跑步机，但最终只是用来挂衣服或者作为家居装饰，而并非真正用于锻炼。可见，用户提出的需求未必是必需的，有的用户甚至不知道自己的真实需求。再比如，有个商人看到现在的老人非常有钱，动辄花几万元去买保健品，于是就想跻身老年保健品行业，改进产品做更好的保健品。那么他能否成功呢？答案是否定的，因为许多老人买保健品是情感需要。

以上两个例子揭示了一个事实，即伪需求的存在可能会使一个行业的整体发展方向变得模糊，并可能导致过多的人进入该行业。这是因为在伪需求的误导下，市场的真实增长并没有达到预期，此时，投资者会误以为自己找到了一个"风口"，但实际上这可能会导致行业的内卷。

然而，市场往往不像这些案例容易被洞悉。许多情况下，行业的伪需求在短期内确实存在一定的需求量。伪需求，顾名思义，是看似存在但实际上并非必要的需求，通常是由市场营销策略、社会压力或过度消费的文化所推动。这些伪需求在短期内可能会刺激行业的发展，但从长远来看，它们将导致资源的浪费和行业的内卷。

以智能家居市场为例。近年来，智能家居产品层出不穷，包括智能冰箱、智能马桶、智能垃圾桶等。这些产品的营销策略强调它们可以为消费者提供便利，但实际上,很多消费者发现这些智能产品的实际使用价值远低于预期,有些甚至比传统产品使用起来更为麻烦。例如,智能冰箱需要消费者投入额外的时间和精力去学习和管理,而智能马桶的维护成本和复杂性也比传统马桶高。同时,这些产品的生产和运营也会消耗大量的能源和资源,对环境造成一定的影响。

在手机市场上,一些制造商为了追求更大的市场份额和利润,每年都会发布新款手机,甚至对手机的硬件配置进行过度升级,例如过高的像素、过大的存储空间等。然而,这些升级往往并未给大多数消费者带来显著的使用体验提升,反而增加了消费者的经济压力,同时也加剧了电子垃圾的问题。

再者,伪需求有时会被行业先驱者用于炒作,创造出一个表面上的繁荣市场或"风口"。这通常发生在新兴行业或技术领域,行业领先者通过营销和公关策略,夸大新产品或服务的潜力和前景,以吸引资本的关注和投资。但实际上,这些所谓的"需求"可能并不具备持久性,一旦市场热度消退,这些"风口"也就随之消失。

以近年来的区块链技术为例。虽然区块链技术本身具有巨大的潜力,但在市场上,许多公司借区块链的概念进行炒作,营造一种区块链能解决所有问题的幻象。这引发了大量的投资和炒作,导致一些没有实质性业务的公司股价飙升。然而,当市场意识到许多应用区块链的项目并不能带来预期的效益时,这个"风口"也迅速消退,许多投资者和公司为此付出了高昂的代价。

因此,对投资者和创业者来说,理性看待市场热点,区分真实需求和伪需求,避免被"风口"炒作迷惑,是至关重要的。只有真正满足用户的需求,提供有价值的产品和服务,才是企业长久发展的关键。

内卷通常是在竞争激烈、资源有限的环境中产生的现象,伪需求的出现恰恰能够催化这一过程。伪需求,实际上是市场上表面上的需求,但并非源自消费者真正的需求。当企业和投资者将这些伪需求误认为真实的市场需求,就会过度投入资源,进一步激化市场竞争,导致行业内卷。

企业和投资者为了满足这些表面需求,可能会投入大量的人力、物力和资金,但由于这些需求并非真实存在,所以这些资源的投入往往不能带来预期的收益,甚至可能导致损失。当企业和投资者看到伪需求带来的短期利润时,可能会进一步扩大投资,导致行业规模过大,过度竞争,最终导致行业内卷。

伪需求实际上是一个非常危险的信号。它可能会引导企业和投资者作出错误的决策,导致资源的浪费,误导市场方向,对企业和整个行业的发展构成威胁。因此,对于企业和投资者来说,识别并避免伪需求是非常重要的。只有真实地理解和满足消费者的需求,才能避免资源的过度投入,减缓行业竞争,防止行业内卷。

3."机械向左,电子向右"——行业思维造成内卷

如果说行业限制定律是造成不同行业发展速度不一样的客观原因,那么行业思维就是影响行业发展的主观原因。

在行业发展过程中,必然会聚集大量技术专业人才。要突破行业的"天花板"并显著提升产品性能,需要技术人员学习新知识并采用新技术。然而,掌握新知识、新技术需要投入大量时间和精力,短期内可能看不到明显回报,甚至可能存在学不会的风险。这导致技术人员对新知识产生抗拒,他们更愿意在已有技术的基础上百倍努力,只为获得产品性能的微小提升。这种现象使得行业陷入了低水平的内卷。

"机械向左"是指机械行业的专业人士在解决问题时总是尝试在行业内部找寻答案。他们追求模型的准确性,旨在提升加工精度,力求机械系统的误差最小化,以求事物精密化为荣。相对应地,"电子向右"则表示电子行业的专业人士在面临问题时总是向外寻求解决方案。他们运用检测技术、识别技术、算法等,无论何种技术只要先进就予以采用,他们对系统的强调更多的是容错能力,而非精确性。

以智能汽车辅助驾驶功能为例,该功能要求驾驶员的手必须时刻放在方向盘上,目的是随时准备进行人工干预,以避免交通事故。在这种情况下,我们可以看看机械和电子工程师是如何检测驾驶员是否手离开方向盘的。

机械工程师可能会直接针对问题,采用触觉传感器进行检测。然而,为了防止有人使用某些物品(如夹子)模拟人手违规操作,机械工程师可能会在方向盘的多个位置和方向安装触觉传感器,甚至为了确认方向盘上的物体是否为人手,他们还可能会增加温度传感器。这个过程是在不断做加法,虽然系统变得更加精确,但同时也变得复杂和不稳定。

那么电子工程师会怎么做呢? 我们选取了蔚来汽车的检测方法:实时采集时间窗口中的方向盘扭矩信息;将所采集的方向盘扭矩信息输入到方向盘状态概率分类器中,得到方向盘状态概率;将所述方向盘状态概率与判断阈值进行比较,从而判断方向盘状态,所述方向盘状态包括驾驶员放手状态和驾驶员握手状态。该项检测结合车辆自身特性以及车身上现有的传感器,采集大量的数据训练出方向盘状态概率分类器,通过输入方向盘扭矩信息,实时计算出方向盘状态概率,判断驾驶员是否双手放在方向盘上,并进行相应的提示,提高判断结果的可靠性和自动驾驶的安全性,提升了用户的体验感。这项技术没有增加任何新的传感器,仅仅对现有的转角信息进行深度处理,通过采用人工智能算法,从全局角度有效地解决了

问题。

通过以上例子就不难理解为什么机械表被电子表取代、录音机被音乐播放器所取代了。如果说机械与电子的限制定律不同,是导致两个行业发展结果不同的客观原因,这种机械向内挖潜、做加法,电子向外扩展、做减法的思路就是两个行业发展结果不同的主观原因。

"机械向左",即机械工程师思维是往内挖潜、做加法、寻求硬件解决方案,什么都要做到极致;"电子向右",即电子工程师思维是向外扩展、做减法,利用软件取代硬件,能解决问题就行。

机械行业发展相对完善,传统问题早已解决,生产效率大幅提高,产生了大量冗余人员,这种情况和以前农业发展地少人多的情况相似。只有向新的需求转移才能消化富余人员,但新的需求要靠电子信息等新手段解决,而半导体原理、逻辑电路与螺丝、齿轮、丝杠螺母的解决方法完全不一样,机械人员要花很大的精力去学习新知识,才能解决新问题,才能提升传统产品的活力,这就是强调多年的机电一体化、数字化、智能化。可是学新知识的代价很大,用传统机械办法解决新问题要容易得多,这就将机械锁死在低水平上重复,导致了机械行业发展的内卷。

家电(如洗衣机、冰箱)、机床、汽车等机械行业所面临的问题,大多源自这种内卷化的发展。新兴的汽车制造势力带来了新的观念,推动了机械行业的进步。因此,机械行业的从业人员也需要学习新的方法,向外观察,向上突破,以适应快速变化的环境,推动行业的健康发展。

4. 路径依赖也是行业内卷的原因

一位哲学家看见一头大水牛被拴在一根小小的木桩上,老老实实地待着。一位老农民在旁边悠哉悠哉地抽着旱烟袋。哲学家走过去对老农说:"木桩这么小,牛会跑掉的。"农民笑呵呵语气十分肯定地说:"它绝不会跑,一直以来都是这样。"哲学家不解地问:"木桩这么小,牛稍一用力,不就把木桩拔出来了吗?"农民有些神秘地说:"当这牛还是小牛的时候,我就把它拴在这木桩上。刚开始,它当然不是老老实实地待着,有时还撒野想从木桩上挣脱。但它那时力气小,折腾了一气,还是挣不脱,它就蔫了。现在,它大了,反而习惯了。有一次,我把草料放在它够不到的地方,它也没挣扎着去吃,只是叫了两声也就罢了。你觉得奇怪吧?"哲学家沉思了一会儿,顿悟道:"原来拴住这牛的不是这小小的木桩,而是它自己用惯性思维设置的精神枷锁。"这就是"路径依赖"的典型。

路径依赖理论是由经济学家布莱恩·阿瑟(W. Brian Arthur)在20世纪80年代

提出的。该理论认为,历史上的决策和事件对于当前和未来的发展路径具有重要影响,以至现有的制度、技术或规则在一定程度上被过去的选择所束缚。说直白一点就是,个体的全部行为几乎都受到路径依赖的影响,一旦人们作出了选择,就会沿着这条路一直走下去。好的路径依赖能带来正面作用,提高行为的效率并进入良性循环;坏的路径依赖则让行为一直处于低效率的状态。

在行业发展中,路径依赖可能会导致行业内卷的现象。例如,一个行业如果过度依赖某种技术、模式或者思维,即使面临新的挑战和机遇,也可能因为路径依赖而无法作出有效的调整("机械向左,电子向右"就是典型的思维路径依赖)。在这种情况下,行业内的竞争可能会变得越来越激烈,但是整体的创新和发展却可能停滞不前,形成所谓的"内卷"。

一些传统制造业,如汽车制造业,可能因为长期依赖内燃机技术而难以转型到电动汽车技术。即使电动汽车技术的优势日益明显,但是由于内燃机技术的路径依赖,这些企业可能会继续投入资源在内燃机技术的研发和生产上,而忽视电动汽车技术的发展。这种情况可能会导致这些企业的竞争力逐渐下降,进而引发行业的内卷。

因此,对于行业的参与者来说,理解和打破路径依赖,及时适应和把握新的技术和市场变化,是避免内卷、实现持续发展的关键。

五、高新技术的降维打击

我们在"技术发展受限"这一部分谈到了美国心理学家劳伦斯·彼得(Laurence J. Peter)的"彼得原理"。在此,我们可以借鉴彼得原理,理解技术的发展,即每个技术都有可能被提升到它的"不称职"的地位,也就是达到它的行业限制。但是,这并不意味着技术的发展就此停止。相反,当一项技术达到其行业限制时,就意味着新的、更高级的技术将会出现,从而取代旧的技术,满足人类对于更高级别需求的追求。这就是技术创新的真谛。

技术发展的历程告诉我们,每一个行业的发展都有其"天花板",当技术达到这个"天花板"时,它可能会被其他更先进的技术所取代。这是一个自然的过程,也是技术发展的必然规律。我们应当正视这一现象,理性看待技术的发展,既不能过分乐观,认为技术可以解决所有问题,也不能过分悲观,认为技术的发展会导致人类的毁灭。我们应该对技术有一个清醒的认识,那就是技术是人类的工具,是我们用来满足自己需求的一种手段,而不是目的。只有这样,我们才能更好地利用技术,推动人类社会的进步。

"降维打击"是一种源于商业和科技领域的策略,它涉及使用先进的技术手段优化传统产品或服务的功能、性能和成本,从而替代这些传统产品和服务。这种策略的执行者利用突破性的创新技术来改变或重塑行业的竞争格局,带来的竞争往往在一个全新的维度,使得传统的竞争对手难以应对。

例如,电子表替代机械手表、电子书替代纸质书、在线支付取代现金支付、网络购物替代实体店购物,这些都是降维打击的实例。手表厂、印刷厂和实体店的关闭并不是由政府或社会引起的,而是技术进步和社会需求发展的必然结果。实施降维打击需要足够的技术能力和创新思维,需要不断探索新的技术和应用,以及深入理解市场和用户需求。尽管降维打击对传统行业是一种打击,但对社会整体来说,它带来了价格适宜、易于使用的产品和服务,是社会进步的表现。

智能相机取代传统相机是降维打击的一个典型例子。在过去的100年里,胶卷相机一直是摄影爱好者和专业摄影师的重要工具。这种相机不仅昂贵,而且需要进行复杂的冲洗和显影操作,因此只有少数人使用。然而,随着科技的发展和进步,手机开始具有拍照功能,价格较相机而言,并没有增加太多,而操作却变得非常简单,使得每个人都可以随时随地拍照,这是30年前无法想象的。此外,数字照片易于计算机处理,成为大数据的重要来源;便于编辑和分享,成为社交工具。

科学对各行业的推动力并非一致,这导致各行业的发展速度不同。高新技术的快速发展必然会对发展较慢的行业产生降维打击,这是科技进步的必然结果,也是历史的必然趋势。农业的基本职能是提供热量,机械的基本职能是提供动力,电子的基本职能是获取、传递和存储信息,而人工智能的基本职能是计算信息。这些基本职能之外的产品最终都将被更高维度的技术所取代。

只要利润空间足够大,高端技术就会向下渗透,剥夺低端行业高附加值部分的市场份额。农业的机械化、机电一体化,以及电子的智能化,都是这一过程的例证。这种发展是不可逆的,因为传统行业的技术产品或服务随着供应量的增加和社会需求的变化,其边际效应将逐步递减。任何行业超出其基本功能的应用属性都不是刚需,当传统产品和服务的价格高于另一个成本更低或体验感低于一个更好的替代方案时,市场就会催生对降维打击的需求。

一些企业家在自己的领域里精心耕耘，产品也在持续进步，但是他们所在的行业却走向衰落，最后该企业只能关闭或退出市场。然而，一些新入场的企业家，尽管从事的也是传统行业，技术也并非高端，但是他们成功地利用了其他产业的成果来进入市场，最终也取得了成功，并推动了行业的发展。这就是行业发展中的"傍大款"，这也是一种降维打击。

要想成功地利用快速发展的行业的成果去降维打击传统行业，首先，需要了解所进入的行业的特点，对该行业的技术、产品和市场有一定的理解；其次，需要有创新意识，不能简单地复制粘贴先进的成果，也不能固守传统行业的技术思维，需要敢于创新、改进，才能找到适合的应用方案。

电池应用是降维打击的一个典型例子。近年来，电池价格下降了90%，能量密度增长了40倍以上，寿命也显著提高，性价比提升了几百倍。这些在新能源汽车领域取得的成果，被一些人引入到工程机械、农业机械、电动工具、家用电器等传统行业，并取得了成功。

电池技术的成功应用包括：

（1）移动设备：如智能手机、平板电脑和笔记本电脑等都使用电池供电。随着电池技术的改进，这些设备的电池寿命得到了显著提高，同时电池的充电时间也变得更短，使移动设备更加便携和易用。

（2）电动工具：电池技术的进步使得电动工具变得更加便携和灵活。现在许多电动工具都使用可充电电池供电，这使得它们可以在没有电源插座的情况下依然能使用，比如在户外工作。

（3）家用电器：台灯、电风扇、吸尘器、剃须刀、手持按摩器等都需要使用电池。与插电式家用电器相比，使用电池，除了便携、灵活之外，还更加安全，不易发生触电等安全事故。随着电池技术的进一步发展，由电池驱动的家用电器将会越来越普及。

（4）可再生能源：现在许多太阳能和风能发电系统都使用电池储存能量。随着电池技术的改进，这些太阳能和风能供电系统的稳定性和持续供电能力大大增强，其对天气环境因素的依赖大大降低。

这些例子说明，无论是在高科技产业，还是在传统的家电、工具等领域，电池技术的改进都为产品带来了显著的优势。这不仅体现在产品的性能上，也体现在产品的便利性和安全性上。更重要的是，这种改进推动了相关行业的发展，帮助人们更好地适应和利用科技带来的变化。

电池技术的进步不仅推动了新能源汽车的发展，还提升了许多其他产品的便携性、灵活性和效率。然而,任何事物都有两面性,电池技术在推动某些行业进步的同时,也对发动机和电线电缆行业产生了冲击。新技术的广泛应用在推动一些行业向前发展的同时,也可能会对其他行业产生冲击。以飞速发展的集成电路技术为例,CMOS工艺作为芯片生产的核心技术,在近年来取得了显著的进步。但是,当它被引入新的行业时,也可能导致其他技术的衰退。

以相机为例,图像传感器是其核心组件。过去,相机主要使用电荷耦合器件(CCD)作为图像传感器,这是因为CCD具有自扫描、感光波谱范围广、畸变小、系统噪声低、寿命长、可靠性高等特点。CCD的出现使得数码相机得以取代胶卷相机。然而,随着集成电路技术的快速发展,使用CMOS工艺制造的图像传感器性能大幅提升,这就使得CCD技术在市场上渐渐边缘化。同样,CMOS技术的飞速发展在其他相关领域也带来了革命性的改变。例如,短距离通信普遍采用的蓝牙模块,过去主要使用二极管调制的射频工艺技术,但随着CMOS技术的应用,其性能大幅度提升,价格大幅度下降,使得传统的射频工艺制造的蓝牙模块在市场上几乎消失。此外,用于探测的毫米波雷达,过去主要使用GaAs技术生产,而现在采用CMOS技术,能够实现更高的集成度和更低的成本,因此它在消费电子、机器人和自动驾驶汽车等领域得到了广泛应用。

并非所有技术都能快速发展。能够实现快速发展的科技,具备以下共性:首先,要符合行业的发展规律;其次,需要有丰厚的利润激励企业投入研发;最后,还需要国家政策的支持。对于这些迅速发展的技术,我们应该积极适应和充分利用,以期取得成功。我们不能对其视而不见,只专注于自己的领域。科技的进步是不可阻挡的,如果你被淘汰,那可能与你的态度有关。

希腊哲学家们对现实世界有着各自的看法。他们认为现实世界是理想世界的次优复制品,尽管现实世界中存在美,但这只是一个标志,如同黑夜中的灯塔,而非全部。柏拉图(Plato)认为,变化并不等同于进步,反而可能是衰退的象征。在他看来,事物变化的过程就像是远离灯塔,最终完全沉入黑暗的过程。然而,亚里士多德(Aristotle)持相反的观点,他坚信事物正在朝着完美的方向演化,这是向灯塔靠近的过程,最终将完全沐浴在光明之中。从现代的角度来看,这两种看似矛盾的结论其实并不冲突。个体的最终命运可能是衰败,但整体的发展趋势将越来越好。

六、技术向下的几种形式

技术的发展受到人类欲望的驱动，而人类的欲望并不是单向直线的发展，这使得技术的演进也不全是简单的线性上升。技术的发展受到人类需求的引导，而人类的需求是多样且不断变化的。因此，技术的发展并不仅仅是朝着高端方向不断进步，而是回应着人类对新发展机会的渴望。

技术的进步往往与人类的欲望相互作用。人类的智慧正是因为欲望不断变化而得以展现。这种相互作用推动着技术的创新与发展，技术不断满足人类需求的同时也引发了新的欲望。这导致了技术发展的多样性和不确定性，因为人类总是寻求新的发展机会。

因此，技术的发展并不是简单地向上攀升，也不是被动等待高端技术的降维打击。技术的发展是一个复杂的过程，技术和人类的欲望相互影响、相互推动。技术不断迭代和创新，在满足人类需求的同时也引发了新的欲望和发展机会。这种相互作用驱动着技术朝着更广阔的方向发展，并为人类创造了更多的机会和可能性。

因此，不难理解，身处高处的技术除了降维打击，肯定还有别的下行路径。我们通过观察发现，技术向下还有两种形式，一种是"技术普及化"，而另一种则是"技术赋能"。

技术普及化，是指一些原本针对高端应用而研发的高、精、尖技术，在满足高端应用之后，会逐步向下寻求相对较低的应用市场，随着技术的不断成熟和规模化应用，致使成本不断下降，让原本高成本的高、精、尖技术慢慢下沉到中低端应用市场，以扩大技术的应用面。这是技术由狭窄应用领域向更广泛的应用领域推广的过程。这种推广过程没有特定的目标，而是根据市场需求和技术成本的变化自然进行的。这个过程能让更多的人受益于新技术，满足人们对于更好生活的追求。技术普及化的结果是使更多的人和企业能够享受新技术带来的便利和高效率。

技术赋能是一个将先进技术应用于各个领域和行业，从而提高效率，创造新机会，推动创新和解决问题的过程。它可以看作一种使用技术手段来提升现有业务或组织的能力和潜力,以满足当前和未来的挑战。

具体来说,这可能涉及将现有的业务流程或服务数字化,使用大数据和人工智能来提高决策效率,或者使用云计算和物联网技术来改善产品和服务的交付。这种技术赋能的过程可以帮助企业和组织更好地适应市场变化,提高竞争力,并为员工和消费者提供更好的体验。

无论是技术普及化、技术赋能还是降维打击,都是人类利用技术进行创新应用的表现。这些都是由人类的需求和欲望驱动的,技术本身并没有意识,它只是人类用来解决问题和满足需求的工具。最大的区别在于,降维打击会对具体行业对象产生破坏性影响,而技术普及化和技术赋能则是对具体行业起到积极影响。

降维打击更像是一种策略,通过技术手段,将复杂问题简化处理,找出问题的薄弱环节,从而获得解决问题的优势。这是由人类对于解决问题、提高效率的欲望驱动的。与技术普及化推广过程没有明确目标不同的是,降维打击是在有明确目标的情况下,通过技术手段对问题进行简化处理,找出行业问题的薄弱环节,从而实现对目标的有效打击。降维打击通常用于竞争激烈的市场环境,对扩大市场份额、提高市场竞争力有很大的帮助,但同时也可能对被打击的对象造成严重的损害。但这种损害往往是对具体落后行业的淘汰,降维打击的同时会催生出成本更低廉的新的产业或业态,对社会的整体服务水平的提升起拉动作用。所以,无论是技术普及化、技术赋能,还是降维打击,都是人类为了满足自己的需求和欲望,利用技术进行创新和应用的过程。技术本身并没有主观意识,只是被人类应用和操纵的工具。它们都是人类利用技术进行创新和解决问题的重要方式,对于推动人类社会的发展具有重要的作用。

相对来说,技术向下赋能低端行业比较好理解。比如互联网技术和人工智能相关技术。从前些年的"互联网＋产业"和最近火热的"AI＋产业"都是先进技术向下赋能的具体表现。但技术向下赋能既不会像技术普及化那样没有目的对象的自然下沉,也不会像降维打击那样有明确而强烈的目的,它需要依靠寻找合适的目标对象,并需要对象强烈的配合意愿才能达成美好的结果。三者的区别见表3.1。

表3.1　降维打击、技术普及化、技术赋能的区别

类　别	降维打击	技术普及化	技术赋能
技术走向	下行	下行	下行
目的性	目标明确	无固定目标	介于两者之间
对终端对象的影响	不利	利好	利好

续表

类　别	降维打击	技术普及化	技术赋能
推动力	市场竞争	技术成熟、成本下降	需求驱动
成本效益	利润增长,竞争优势	成本下降,效率提高	效率提高,创新推动
时间线	短期至中期	长期	中期至长期
社会影响	竞争激烈,可能导致市场整合	增强了公众的生活质量	行业升级,推动经济发展

接下来,我们来通过一些实例具体看看三者的区别：

（1）技术普及化：以计算机技术为例。在最初,计算机是被设计用于解决复杂的科学计算问题,并且主要用于大型实验室或政府机构,由于高昂的价格和复杂的操作,普通人几乎无法接触。但是,随着技术的发展和成熟,计算机技术开始从高端领域向大众市场扩散。这是因为随着集成电路的出现和发展,计算机的生产成本显著下降,使得普通家庭也可以购买得起。同时,操作系统的简化使得普通人也能够使用。如今,计算机已经成为现代社会的重要组成部分,几乎无处不在,极大地推动了社会的进步。

（2）降维打击：互联网电商巨头的成功（如亚马逊和阿里巴巴）是通过降维打击的策略实现的。他们利用大数据和云计算技术,将复杂的销售流程和供应链进行简化和优化,这使得他们可以在价格和服务上具有竞争优势,打破了传统零售业的市场格局。他们不仅将商品直接从生产商带到消费者面前,省去了中间环节,还提供了优质的购物流程和售后服务。这使得他们能在激烈的市场竞争中站稳脚跟。

（3）技术赋能：人工智能和大数据技术在许多传统行业中的应用就是一个很好的例子。以农业为例,通过使用人工智能和大数据技术,农民可以更准确地预测天气变化、土壤条件和作物病虫害情况,从而更精确地管理农场,提高农产品的产量和质量。此外,人工智能和大数据技术也可以帮助农民在销售农产品时作出更准确的决策,比如确定最佳的销售时间和价格。这样,即使是在传统的农业领域,也可以通过技术赋能实现效率的显著提升。

七、寻找破局技术

在现代社会,任何行业都有其自身的发展定律,而这些定律则在很大程度上决定了一个行业的发展趋势和速度。这些定律并非铁板一块,其内在逻辑及其影响的深度广度都会随着行业的不同而有所差异。然而,一旦一个行业进入了内卷,那么其发展就会陷入一种循环往复的状态,无法获得真正的突破。这种情况下,行业发展的限制定律就会变得更加显著。而且更为严重的是,这种内卷状态对行业发展的危害性也会日益加剧。

内卷是一种社会现象,当社会经济发展达到了一定的程度,既没有办法稳定下来,也没有办法转变为更先进的形态时,大量的资源只能在内部消耗,投入大而产出小,让行业停滞不前。

技术发展中也存在着"技术内卷"的现象。这是因为所有技术的发展都受科学定律的制约,这些科学定律就像是技术发展的"天花板",再怎么努力也无法突破。在这些定律的限制下,任何的技术都只能无限接近理想状态,而无法真正突破。

因此,要想真正摆脱技术内卷,最有效的方式就是寻找新的技术原理、新的方法,利用更高层次的技术来突破技术限制定律,实现真正的创新。

以汽车为例,如果我们想要降低汽车的油耗,那么就需要提高发动机的热效率。然而,由于科技限制,发动机热效率的最高值往往只能达到50%左右,而且一直无法突破。如果我们坚持在发动机技术上进行优化和改进,那么就会陷入内卷。相反,如果我们采用不受该限制定律的电机驱动,那么发动机的效率就可以轻松提升到90%以上。这种用电机取代发动机的方式,就是真正的创新。

再以手表为例,如果我们只是在机械结构和加工精度上进行改进,那么所能达到的提升幅度将非常有限,这就是内卷。然而,如果我们改变思路,用石英作为基准,采用电子方式,那么就能够在较小的投入下取得较大的利润提升,这才是真正的创新。

内卷的产生,往往是由于过度重视细节优化,而忽视了对技术本质的改变。例如,在风扇技术上,无论我们怎么改进风口,其根本上还是靠风速来降温,这就是内卷。然而，如果我们改变降温方式，例如使用空调技术，那么就能够在人们感觉更舒适的同时，也避免了因风速过大而带来的不适，这才是真正的创新。

此外，我们也要注意到，技术创新并不仅仅是提高技术的效率和性能，更重要的是要突破技术的限制，寻找新的发展道路。例如，农业的机械化、机电一体化，以及电子技术的智能化，这些都是由于技术创新而产生的新的发展道路，这些新的道路都是突破了旧有的技术限制。

目前，中国科学技术大学的科学家们正在研究高速结构光显微镜。我们认为，或许通过这个研究，能够避开那些已经进入内卷阶段的技术，而将研究重点放在那些有可能引发技术爆发的领域。

可见光的波长为390～770纳米，而光的波动特性导致其会发生衍射，因而光束不能无限聚焦。根据阿贝定律，可见光聚焦的最小直径是光波波长的1/3，所以200纳米就是观察物体大小的极限。可有很多物体远小于200纳米，要看清驱动蛋白，分辨率就需要20纳米以下。

攻克这个难关的传统思维是将粒子加速，由于光速恒定，速度越快它的波长就越短，就能看到越小的物体。基于这个思维，是否可以用大装备将粒子加速呢？但微生物是运动的个体，在电子显微镜高能量粒子冲击下无法成活，要观察微生物怎么运动还要靠可见光。

用400纳米以上的可见光怎么能看见20纳米以下的物体呢？

可见光虽然看不到细小的物体，但每次观测一定有细微的差异，1个灰度点的差异有256种，1个彩色点的差异有1678万种，每次衍射得到的图像肯定有细微的变化。这种细微变化包含了真实的信息，只是信息太少，无法得到真实的结果。如果我们用每秒钟100万帧的高速相机来获取海量图像信息，再通过人工智能算法，相信就能看到20纳米的细微物体。

显微技术的发展历程就是一个不断破局、增长、内卷的过程。从最初的放大镜，到后来的显微镜，再到现在的电子显微镜，每一次技术的突破都带来了显微技术的新的发展阶段。现在，我们正处于显微技术的第四次破局阶段，也就是人工智能技术在计算成像方面的应用，这可能会将显微技术带向一个全新的高度。因此，科学家们将研究重点放在了计算机视觉上面，希望能通过这个新的技术方向，带来显微技术的新的突破。

在技术发展的过程中，破局、增长和内卷是三种常见的状态。破局是全新技术的出现，增长是新技术的快速发展和完善，而内卷则是在旧有技术上的投入和低价竞争。从长期的角度看，选择破局和增长的方向，避免内卷，才是一个行业持续健康发展的正确道路。

回到上述高速结构光显微镜研究,科学家们的目标是选择新的技术方向,避免旧有技术的内卷。我们认为,未来的技术发展方向应该是"小"和"快"。微生物、微电子、微机电等领域的技术都在向"小"的方向发展,而高速显微镜则综合了"小"和"快"的需求,代表了未来的技术走向。

无论是社会还是技术,内卷都是一个需要避免的状态。它不仅会限制行业的发展,还可能带来严重的社会问题。因此,人们需要在技术发展的过程中,不断寻找新的破局,实现真正的创新。

在这个过程中,人们需要有清晰的判断和决策,明确哪些是破局,哪些是内卷。我们要避免在旧有的技术上过度投入,而应该寻找新的技术路径,实现技术的突破。这不仅能避免内卷,还能推动技术的进步,带来更大的社会价值。

总的来说,只有创新才能真正破解内卷,创新是技术发展的唯一出路。无论是在研究中,还是在实际的行业应用中,都需要坚持创新,只有这样才能实现技术的持续发展,推动社会的进步。

第四部分
大数据与人工智能

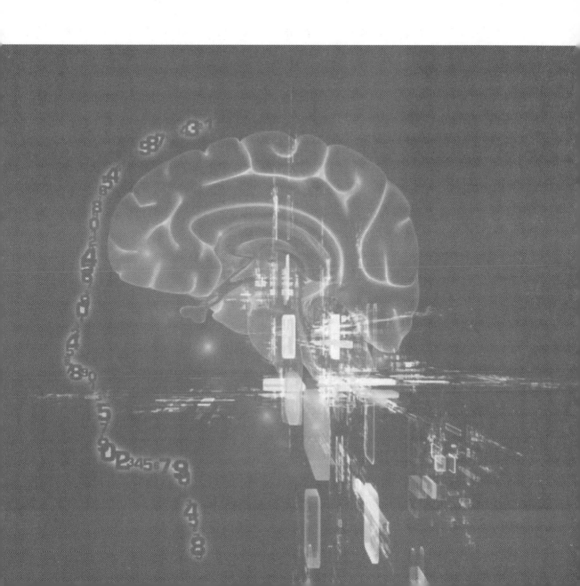

一、数字经济时代的到来将人工智能推向"神坛"

21世纪，数字化经济已成为全球经济发展的新引擎。在这个大背景下，我国政府于2018年提出了"数字中国"战略，标志着我国正式启动了全面数字化转型的征程。这一战略的核心是运用数字技术推进经济社会发展，提高公共服务效率，保障国家安全，并推动科技创新。尽管2020—2022年受新冠疫情影响，中国经济建设的重心暂时转移到了民生保障方面。但2023年初，我国政府发布了《数字中国建设整体布局规划》，以此明确了数字化建设的方向和目标。这一步骤再次强调了我国政府对于数字化转型的坚定决心和战略视野。

数字化转型无疑是这场历史性变革的最前沿，它正在深刻地改变我们的生活方式、工作方式和思考方式。在这一大潮的推动下，人工智能(AI)作为一种创新技术，以其深远的影响力和无可比拟的潜力，引领了这场转型的核心。它不仅是数字化转型的关键驱动力，而且正在为各行各业带来前所未有的变革，推动经济社会向更高层次发展。

AI作为数字化经济中的一项重要技术，不仅改变了经济结构和商业模式，更为一种更深远的技术变革奠定了基础。海量的数据、新的业务场景，以及政府的鼓励政策，都为人工智能在中国的发展创造了良好的环境。这种能模拟、延伸和扩展人的认知、学习和决策能力的技术，其发展将进一步推动数字化经济的创新和变革。

在当今的技术革命中，"大数据"和"人工智能"已经成为两个较引人注目的焦点。这两个概念已经在很大程度上重塑了我们的工作、生活和决策方式。大数据和人工智能之间的关系是相辅相成的。大数据为人工智能的发展提供了沃土。人工智能，尤其是其子领域，如机器学习和深度学习，依赖于大量的数据来训练模型。这些数据为人工智能系统提供了学习、理解和模拟人类行为的基础。例如，一个自然语言处理的AI模型需要学习大量的文本数据以掌握语言的语法和语义规则；一个图像识别的AI模型，需要学习大量的图片数据以识别不同的物体和场景。在这种情况下，大数据提供了训练人工智能所必需的丰富、多样和高质量的数据。

但这种关系并非单向的。正如大数据为人工智能提供了训练的基础，人工智能反过来也为大数据分析提供强大的工具。大数据的主要挑战之一是如何从海量的数据中提取有价值的信息和洞见。传统的数据处理方法往往无法有效处理大规模的数据集，而且难以处理复杂的模式和关系。这正是人工智能擅长的领域。例如，机器学习算法可以自动地从数据中学习和识别模式，而深度学习算法则可以处理更复杂的结构和关系，如图像和语言的语义内容。因此，人工智能提供了一种强大的工具，能够帮助我们更好地理解和利用大数据。这种深度的相互依赖关系，也凸显出了数据在数字化经济中的重要性，更凸显了人工智能在驱动经济发展中的核心角色。

人工智能作为数字化经济中的关键驱动力，已经对各行各业产生了深远影响。从自动化生产线到智能化的决策辅助系统，人工智能正在改变我们的工作方式，不仅提高了生产效率，同时也带来了新的商业机会。此外，人工智能也正在改变我们的生活方式，例如，智能医疗、智能交通等，都在为我们的生活带来便利。

在我国，政府对于数字化经济的发展有着明确的战略规划。在推动"数字中国"战略的同时，我国政府也在积极探索如何解决人工智能发展中的挑战，例如，制定数据保护法，鼓励人工智能的公平、透明和可解释性研究，以及推动人工智能教育和培训。这些努力旨在创造一个公平、安全、有活力的数字化经济环境，使我们能够充分利用人工智能的潜力，从而推动经济社会的持续发展。

从1984年深圳蛇口开发区将我国第一块土地使用权出让给香港华侨城实业公司开始，我国打开了"以土地财政为驱动的经济形态"（或称之为"地租经济形态"）的篇章。特别在21世纪最初的20年，中国的经济增长大幅依赖于土地出让，尤其在城市化的进程中这一特点体现得更为明显。地方政府通过向商业实体出让土地使用权，获得财政收入，再进一步投入于基础设施建设以及城市发展。然而，这并不代表我国的经济形态仅仅依赖于土地的出让，随着改革开放的步伐不断加快，我国的经济也在多元化地发展，制造业、服务业、高科技产业等均得到了重视和推动。科技的飞速进步和全球化的进程，使得我国的经济形态正在向数字化经济转变。地租经济只是我国改革开放历程中的一个短暂且必要的阶段，而市场经济的发展更为依赖创新驱动。我们认为，自2023年开始，我国经济可能正在经历一次从传统地租经济向数字经济的深刻转型。在这次转型中，人工智能成为推动这一进程的重要力量，其影响力不容小觑。

在数字经济时代，人工智能已经不再仅仅是一种工具或者技术，而是推动整个社会发展的核心动力，对经济、社会、文化等各个领域都有着深远的影响。在这个数据作为新的生产要素的时代，人工智能通过处理、分析、利用大数据，为经济增长提供了强大的动力。

人工智能的运用已经渗透到我们生活的各个角落，从个性化推荐、自动驾驶、智能客服到决策支持系统，这些都充分体现了人工智能在数字经济中不可或缺的地位。同时，人工智能也在推动新的商业模式和产业变革，创新生产方式和消费模式。

然而，尽管人工智能在数字经济中的地位不可替代，我们也必须清醒地看到，人工智能将会对一些传统行业带来深刻的影响，会改变它们的生存方式。人工智能就像一把双刃剑，一方面能赋能多个行业助力发展，另一方面可能会对某些低端行业进行降维打击。这就需要我们有深度的认识并积极适应，以充分利用其优点，同时妥善应对其可能带来的挑战。

二、人工智能的"双重人格"

前文介绍了人工智能对于数字经济形态形成的支撑作用，这将是我国实现经济形态跨越必须借助的科技手段。然而，人工智能不同于传统的农业、机械、电子等行业，它具有特殊的"双重人格"。相比这些行业，人工智能表现出极强的行业工具性特征，这将增加我们对这个特殊行业的理解难度。其行业工具性特征表现在：一方面，越来越多的行业在内卷期寻求人工智能技术来破局，以实现行业的二次发展（如前文提到的高速结构光显微镜项目）；另一方面，越来越多的新兴势力借助人工智能技术对低端行业进行降维打击，从而"拿走"传统行业的高附加值部分，让传统行业进一步滞留在低水平层次内卷，导致企业发展困难甚至衰败。但我们已经认识到，传统行业有其最基本的功能属性，我们不能任其衰败，甚至被淘汰出局。盲目地让低端行业出局，可能会对我们的生活质量造成严重影响。比如，在早期的劳动密集型特征显著的纺织行业，没有人工智能我们或许生活得不够好，但要员工离开纺织行业，大部分人可能连基本的温饱问题都无法解决。因此，2023年5月5日下午，二十届中央财经委员会第一次会议召开。会议强调，坚持推动传统产业转型升级，不能将其当成"低端产业"简单退出。这是在反对"一刀切",肯定传统行业的社会经济价值。我们不能在数字经济时代将传统产业简单地抛弃,而是要利用好人工智能技术,发挥其赋能作用。

人工智能的赋能主要体现在其对传统行业,比如纺织业,进行效率提升和改进的能力上。它能够帮助这些行业提高生产效率、降低运营成本,以及驱动商业模式的创新和实现服务质量的提升等。在制造业中,人工智能可以通过智能化生产线、机器人自动化等手段提高生产效率;在医疗领域,利用深度学习和大数据分析,辅助医生进行诊断,提高诊断准确性;在金融业,通过智能投顾、风控模型优化等方式,提升金融服务的效率和安全性;在教育领域,借助个性化学习系统和虚拟教师,实现教育资源的优化配置。在这些应用过程中,人工智能作为破局技术为行业带来了深远的变革,推动了行业的二次发展。

人工智能技术具有广泛的应用性,几乎涵盖了社会的各个领域,无论是传统行业还是新兴产业,都可以从人工智能技术中受益。这与农业、机械、电子等行业的应用领域相比,人工智能显得更为全面和深远。相对于农业主要服务于食物生产、机械行业服务于物质产品生产、电子行业主要推动信息化进程来说,人工智能则具有更强的渗透力,可以在任何一个行业中发挥作用,这就是其独特的行业特性。

人工智能不仅在各行各业中得到普遍应用,而且其引入往往能引发产业革命,改变整个行业的运营模式和价值链。例如,通过引入人工智能,制造业从大规模制造转向智能制造,医疗行业则从以医生为中心的服务模式转向以病人为中心的服务模式。而在电商领域,通过利用人工智能进行精准推荐,能实现个性化服务,提升用户体验,增加用户黏性。

然而,人工智能并不一定会对特定行业起到积极的推动作用。长期处于内卷阶段的行业,由于行业思维限制,基础研究没有重大突破或者是行业的路径依赖作用等,很可能被人工智能技术降维打击。特斯拉、蔚来等新势力车企对传统企业的打击,Uber、滴滴打车等基于人工智能的打车平台对传统出租车行业的打击等都是很好的例子。除此之外,人工智能技术应用造成行业模式发生转变,也对一些行业造成重大创伤,如在客服行业,人工智能聊天机器人可以替代部分客服人员的工作;在快递行业,无人配送车和无人仓库可能会取代大量的快递员和仓库管理员工作。这些变革都将导致传统低端行业在发展中面临更大的挑战。

随着人工智能的广泛应用,社会对其的依赖性也在不断增加。无论是智能手机的广泛使用,还是智慧医疗的普及,或者是无人驾驶的逐步实现,都反映出人工智能已经深入到我们的生活中。同时,由于人工智能能够有效提高生产效率、降低生产成本、促进经济发展,也使得各国对其投入越来越大的研发资源,以期取得在全球竞争中的优势。

然而，随着人工智能技术的不断升级，特别是2023年ChatGPT的推出，人们对其安全性的担忧也随之出现。这些担忧主要集中在两个方面：一是人工智能可能会替代大量的人工岗位，导致社会失业率上升；二是人工智能可能被恶意利用，对社会造成损害。然而，这种担忧可能并不必过于强烈。

虽然人工智能确实会替代一些低技能、重复性的工作，但它也同时创造了大量新的就业机会。例如，人工智能的研发和应用需要大量的人工智能工程师、数据科学家等专业人才，而且这些岗位的薪资通常较高，具有更好的发展前景。此外，随着人工智能的推广，各行各业都将面临变革，从而催生新的职业类型和市场需求。因此，人工智能并不会导致整体失业，而是会促使劳动力从低端岗位向高端岗位转移。

总体来看，人工智能作为一种破局技术，一方面可以赋能行业，推动其向更高层次发展；另一方面，也可能对低端行业进行降维打击，带来行业格局的重大变化。无论是赋能还是降维打击，都是技术发展的必然结果，我们需要正视它带来的影响，积极应对，最大限度地发挥其正面效应，最小化其负面影响。在未来，人工智能将更深入地融入各行各业，推动经济社会的全面数字化，实现产业的智能化，从而开启一个全新的发展阶段。

三、分层看待人工智能

人工智能无疑是一项强大的技术，这在许多领域已经得到了证明。1997年的"深蓝"对国际象棋大师斯帕罗夫的胜利，以及2016年的AlphaGo对围棋高手李世石的成功挑战，都是例证。目前，人工智能在医疗、教育、交通等多个领域发挥了重大作用，为我们的生活带来了巨大便利。但同时，考虑到X射线和镭射线等先进技术在初期带来福利的同时，潜在威胁着人类健康的情况。我们有理由对AI的潜在风险保持警惕。像斯蒂芬·霍金（Stephen Hawking）和埃隆·马斯克（Elon Musk）这样的科学家和企业家都曾警告说"人工智能可能毁灭人类"，并强调我们必须建立有效的机制尽早识别和应对这些威胁。

　　而对于互联网企业,人工智能带来的益处是显著的,其效率和能力远超人力。因此,许多互联网企业的管理者都坚信,在规避风险的同时,人工智能可以得到最大程度的应用。

　　具体说到人工智能技术,有一个特性称为"水平线效应"。例如,在棋类AI算法中,当搜索到叶子节点时,它会调用评估函数并返回一个估值。但有时候,如果叶子节点是一个吃子的走法,可能会得到一个很好的评分。但如果下一步对手将吃回来,那么局面可能会恢复平手。因为局面可能在叶子节点发生剧烈的动荡,除非评估函数能够精确地反映这一点,否则返回的值可能无法准确地反映实际局面。这就是所谓的"水平线效应"。

　　这就像打羽毛球,表现出"水平线效应"的选手会尽可能选择稳健的打法,将击球看作首要目标,而不轻易尝试扣球。他们会进行连续地来回击球,直到对手犯错误才得分。这说明AI算法其实是一个温和的对手。如果我们把它视为人类的对手,只要我们不犯错误,就可能永远不会被击败。

　　但2023年,我们明显感觉到人工智能技术的安全威胁的紧张氛围,其主要诱因是大型自然语言处理模型ChatGPT横空出世,并在短短几个月时间完成第4代产品的迭代。随着三星公司泄密事件的发酵,更是让很多国家对该产品颁布禁止使用的禁令。但无论如何,即使人们对人工智能的安全性和可控性问题日益关注,人工智能已成为我们生活和工作中不可或缺的一部分是不争的事实。我们在第二部分已经明确给大家分析过,任何技术都具有两面性,人工智能也不例外。如何正确看待人工智能行业对我们科学利用该技术造福人类至关重要。在此,我们提出对人工智能的智力水平进行分级,便于大家深入地了解不同等级人工智能产品的内容、范畴以及应用安全性,使我们能更加科学地看待人工智能产业发展。

　　ChatGPT把人工智能划分为弱人工智能、强人工智能和超级人工智能三个水平。弱人工智能,又叫狭窄人工智能,指的是只能执行特定任务的人工智能,如语音识别、智能客服、自动驾驶汽车;强人工智能,又叫通用人工智能,指的是像人类一样执行各种任务,如AlphaGo和Sophia机器人;超级人工智能,是指人工智能像人一样具有自我意识,具有人类智慧,甚至超越人类。这种分级过于简单,也并不能很好地展示人工智能技术行业的层级性,这种认知极易导致人们对人工智能产生不安的心理反应。埃隆·马斯克等人正是基于超级人工智能实现的不确定性可能会对人类的安全性带来威胁,而对人工智能发展持消极态度。

　　我们都知道,世界由三个基本元素构成,即能量、物质和信息,其中能量是最基础的元素。通过衡量能量消耗,我们可以得出许多重要指标。例如,机器的单位能耗可以反映其技术先进程度，人均能耗则可以反映一个国家或地区的经济发展水平。因此，我们尝试从能耗的角度来评判智能等级。

人类的信息处理主要依赖大脑，尽管大脑仅占人体重量的2％，但消耗的能量却占到人体总能耗的20％。在动物世界中，智能等级与所谓的脑化指数（Encephalization Quotient，EQ）有直接关联。脑化指数是一个反映动物体重与脑重关系的常数，这一概念已得到科学界的共同认可。人类的脑化指数最高，约为7.44，该数值高于海豚（5.31）、虎鲸（3.30）、黑猩猩（2.49）、大象（1.87）和狗（1.17）。这个指数同时也反映了动物的智力水平。

借鉴脑化指数的概念，我们可以定义一个"脑耗指数"来描述机器的智能水平，这个指数表示的是中央处理器（CPU）的能耗与机器总能耗的比值。我们可以将人工智能划分为七个等级：0代表无智能，5％以下为弱智能，5％～10％为初级智能，10％～15％为中级智能，15％～20％为高级智能，20％～35％为类人智能，超过35％则为超人类智能。

那么在日常生活中，现有的人工智能产品都处于哪些等级呢？我们的评估是这样的：一些基本的机械设备，可以认为其没有智能；自动售货机、传统家用电器等属于弱智能；像智能家居、智能音箱、智能门锁这样的设备，我们归类为初级智能；智能电视、智能手表等，则属于中级智能；而智能机器人、自动驾驶汽车、智能手机等，则属于高级智能范畴。

上述产品为大众所熟知，用产品印象就很容易理解不同等级的智力水平概念。而"类人智能"和"超人类智能"属于较高范畴，相关产品比较高端。"超人类智能"人类还没真正实现。

我们在界定"类人智能"的时候，使用的概念是"具备较为强大的自主学习能力和一定的自我进化能力"，但需要人工参与其智能水平的提升。显然，Alpha系列机器人、英国的Ameca人形机器人均属于这一类。根据我们获取到的2016年AlphaGo对阵李世石时的公开数据，AlphaGo在比赛过程中运用了1202台服务器以及176台的GPU进行计算和训练。这些服务器主要装备了高能效的英特尔CPU（型号为Xeon E5-2699 v3），而GPU则是英伟达的Tesla P40。基于这些数据，可以大致估计，AlphaGo的"脑耗指数"在28％左右。同样地，2017年的Alpha 0以及目前英国正在研发的Ameca机器人的脑耗指数也至少达到28％，甚至可能超过30％。因此，我们选择以20％～35％的脑耗指数作为评判"类人智能"的标准。

我们将超人类智能定义为：具备强大自主学习能力和完全自主进化，不需要人类的干预,甚至可以通过自我修复等方式来保证自身的稳定和安全的超人类智能水平。然而,目前我们认为超人类人工智能尚未真正出现。

根据我们之前提到的动物的脑化指数以及人工智能的脑耗指数,尽管不同智能等级之间并非简单的线性关系,但鉴于目前尚无实际的超人类人工智能产品数据,我们可以借用不同等级之间的平均增长率,来对超人类人工智能的脑耗指数进行预测,大致估算为40%。因此,我们将脑耗指数高于35%作为判定超人类人工智能的标准。

说到人工智能,ChatGPT是绕不开的话题。ChatGPT不同于我们之前的划分,主要原因有两点:一是它并不是我们上面说的单体智能的计算,它是采用全球数据作为参数的综合型自然语言处理模型;二是它的设计架构是利用布局云端的硬件来实现计算。具体来说,它是一个云端部署,基于预训练模型的自然语言处理系统,它的算法模型和数据都存储在云端服务器上,并由多个服务器和GPU共同运算。这样的系统架构能够实现高效的计算和较低的能耗,因此我们的脑耗指数可能不适用于它。从概念上划分,它目前属于类人智能范畴。

不难看出,初级智能以下的人工智能应用范围和能力相对较弱,因此可以进行广泛的应用,但也需要考虑其安全性和隐私保护问题。中高级人工智能的应用范围更加广泛,但是需要采取更加严格的安全措施和监管,以保证其应用不会对社会造成负面影响。类人智能虽然表现出超高的智力水平,但和下级智能产品一样,还依靠人工干预去提升智力水平,其应用仍具有较高安全性。

由于超人类智能还未出现,因此人类对未来的恐惧心理大于对未来尚不明确的效益期盼心理。这种心理在行为经济学里被称为“禀赋效应”,它是指当个人一旦拥有某项物品,那么他对该物品价值的评价要比未拥有之前大幅增加,这导致人们在决策过程中对利害的权衡是不均衡的,对“避害”的考虑远大于对“趋利”的考虑。

超人类人工智能由于完全摆脱人为干预,其应用可能会带来一定的不确定性和风险,因此需要进行更加深入的研究和探索。但我们无须对它的风险性感到过度担忧,其给人类带来可预见性好处是显著的。在疾病诊断方面,超人类智能可以通过分析医学影像、生物标志物、基因组学数据等多种数据源,辅助医生进行疾病诊断。由于其超强的计算能力和学习能力,它可以准确地诊断各种疾病,并能够在疾病预测、预防和治疗方面提供准确的建议和指导。比如,它可以提升癌症诊断和治疗的精准性,大幅减少癌症对人类生命的威胁。在地震预测方面,超人类智能可以通过分析大量的地震数据和地震前兆,预测地震的发生时间和地点。由于其强大的分析能力和模式识别能力，它能够快速识别地震的模式和趋势，从而提高地震预测的准确性和精度，为政府相关部门和民众提供更准确的预警信息，以减少地震造成的损失。在金融方面，超人类智能可以通过分析金融市场数据和宏观经济指标，预测金融危机的发生时间和程度。由于其强大的分析和预测能力，它能够提供更准确的预测和建议，帮助政府和金融机构作出更好的决策，最大限度地避免金融危机的发生或者减少其影响。

我们应该对超人类智能抱有信心和希望，即使存在一定的风险，但其对社会的巨大贡献是显性的。

社会发展要"计算成本"，经济学里把"成本是放弃了的最大代价"作为一个基本原则指导社会决策。放弃超人类人工智能所付出的成本可能是人类用其他方案解决健康问题、自然灾害问题、金融危机问题所付出和承担负面结果的成本总和，显然这个成本是巨大的。而超人类人工智能的可预见性应用很好地解决或规避了人、自然、社会三大难题，就是超级人工智能在未来可以为人类带来福祉的例子。至于安全性，那是对未来不确定性的担忧。人类解决问题的能力不是停滞的。

四、甩掉内卷的包袱

在第三部分有关"农业、机械、电子"的讨论中，我们研究了农业、机械和电子行业，并观察到了一个现象，那就是行业内卷往往出现在行业发展周期的某一阶段，这个阶段在整个行业技术生命周期中占据了相当长的一段时间。我们也理解到，行业内卷的主要原因是行业的技术发展陷入了一种停滞，无法突破现有的技术极限。在这种情况下，行业中的各个竞争者只能在相同的技术层次上争夺市场，维持生存的唯一方法就是降价竞争。然而，对于人工智能行业，我们给出了一个相对乐观的评价，认为它不太可能出现内卷现象。这主要得益于人工智能技术的特殊性。

技术的发展过程可以被视为一个由必然王国向自由王国不断趋近的过程。在必然王国，人类的行为受到自然界的严格规律的限制；而在自由王国，人类的行为则在很大程度上摆脱了自然界的限制,可以按照人类自己的意愿和目标进行创造和改变。在所有已知的技术中,人工智能最接近自由王国。人工智能技术的发展以信息为核心,其增长源于计算能力的提升、大数据的可用性以及算法的进步。这些因素使得人工智能技术不仅可以快速迭代,还可以实现跨界应用,解决各种不同领域的问题。

在人工智能领域,软件算法是其关键所在。不同于物质制品的生产,软件算法的迭代过程不受物理限制,不需要大规模的生产设施。软件算法的迭代只需要改变参数或对代码进行修改,就能实现新的功能或提升现有功能的效率。与此同时,软件算法不需要大规模的物质资源投入,它的创新过程更多依赖于硬件环境。这种独特的特性使得人工智能技术具有极快的迭代能力,从而在技术进步的道路上快速推进。

相比之下,农业和机械制造等传统行业的迭代则相对较慢。在农业领域,物种的选育需要自然界的时间。例如,一年四季,春耕秋收,每一次的迭代都需要按照自然的规律来进行。同样地,在机械制造领域,材料的选择,设备的设计,部件的制造、装配、调试等,每一个环节都需要物资的投入和时间的消耗。尽管电子行业的发展速度相对更快,但也受到物理规律的限制。比如,电子设备需要固定的硬件,其制造过程需要大量的研发投入和精密的工艺。所有这些因素,都在一定程度上限制了这些行业的技术发展速度,从而导致内卷现象的出现。

然而,人工智能行业与这些行业有着显著的不同。首先,由于人工智能技术基于软件,其可扩展性显著高于物理产品。人工智能的应用并不受到物理空间的限制,它可以通过互联网在全球范围内快速扩展,而扩展所需的边际成本极低。这就意味着,一旦我们成功开发出一个高效的人工智能算法,就可以迅速地将其应用于各种领域。它为各类参与者提供了在众多领域中选择和发展的可能性。随着信息量的不断扩大以及人类需求的多元化进程,对于信息处理的需求也将变得更加丰富和多样化。这样的特性使得人工智能行业相较于其他行业更不容易出现内卷现象。其次,"软件定义硬件"是一个重要的未来发展趋势。在这个模式下,硬件的功能由可编程的软件来控制,而不是由固定的硬件电路来决定。这意味着硬件的功能可以通过软件的更新来迅速改变,而无需更换或修改硬件设备。这大大提高了系统的灵活性和可扩展性,使得人工智能行业能够更快地适应新的技术和市场需求,进一步降低了其对自然的依赖程度。

虽然软件算法的迭代不受物理限制,但它依然需要人才的投入。如何吸引并留住优秀的人才,是人工智能行业必须面对的问题。此外,人工智能的发展也需要大量的数据支持。数据的获取、存储和处理需要足够的硬件资源，并需要符合数据保护和隐私权的法规。这些都是人工智能行业在发展中需要克服的挑战。

另外，人工智能行业的竞争也并不只是技术层面的。市场战略、商业模式、用户体验等方面的竞争同样重要。在这些方面，人工智能行业也可能会出现类似内卷的现象。比如，如果市场出现垄断，可能会导致市场资源的不公平分配，抑制其他竞争者的发展。

总的来说，从行业技术本质角度看，人工智能行业不太可能出现内卷，这是由人工智能独特的技术特性决定的。但这并不代表人工智能行业就不会面临任何问题，如人才、数据、市场竞争等方面的挑战都需要行业去面对并解决。对于未来，我们应持续关注人工智能行业的发展，并深入研究其可能出现的问题和解决方案。

五、人工智能是信息的"奴仆"

当前，我们正处在一个人工智能飞速发展的时代，这一时代的特色是人工智能的广泛运用和持续创新。现如今，人工智能被视为科技领域的核心力量，其潜在的发展和影响范围还未完全揭示。人工智能已经成为科技领域近乎不可撼动的王者。尽管我们无法预知未来还会有什么新的科技力量出现，可能会超越或与人工智能并肩，但就目前来看，人工智能无疑是最靠近科技领域"王者"地位的存在。然而，即使它占据了这样重要的位置，我们也不应过度神化它。因为无论存在的形态如何，都必定受到其本质属性的影响和限制。

我们观察到人工智能的快速发展主要体现在两个方面：应用的广度和深度。在广度上，人工智能已经渗透到我们生活的各个角落，从智能手机、家庭助手到自动驾驶汽车，再到医疗诊断、金融交易等领域，人工智能的应用几乎无所不在。在深度上，人工智能的技术也在不断提升。例如，深度学习已经能够处理非常复杂的任务，如图像识别、自然语言处理等，其性能甚至在某些情况下超过了人类。

我们需要思考的是,支持这种增长的主要因素是什么? 据此,我们可以找到三个关键因素:计算能力的提升、大数据的可用性以及算法的进步。

计算能力的提升是人工智能增长的主要驱动因素之一。人工智能,特别是深度学习,需要大量的计算资源来处理和分析数据。过去的几十年里,随着半导体技术的发展,计算能力呈指数级增长,这为人工智能的发展提供了坚实的基础。此外,云计算和分布式计算等技术的发展,使得处理大规模数据和复杂计算任务成为可能。现在正在孕育的感存算一体化技术具备更高效的数据处理能力、更快的决策制定,以及更灵活的系统反应能力。这些底层技术都会支撑人工智能行业的快速发展。

大数据的可用性也是支持人工智能增长的关键因素。人工智能需要大量的数据进行训练和学习,而在数字化的世界中,我们每天都在生成大量的数据。从社交媒体的帖子到医疗记录,从商业交易到科学研究,这些数据为人工智能的学习提供了丰富的"营养"。

算法的进步为人工智能的增长提供了推动力。过去的几十年,我们在机器学习和深度学习等领域看到了许多创新的算法。这些算法使人工智能能够处理更复杂的任务、识别更复杂的模式、提供更准确的预测。同时,这些算法也使得人工智能能够更有效地利用计算资源和数据。例如,深度学习的反向传播算法使得神经网络可以在大规模数据集上进行有效的训练。

现在,我们可以开阔视野,基于之前的讨论,对这个话题进行更深层次的思考和探索。

我们曾经讨论过世界由能量、物质和信息三者构成,知道能量守恒、物质不灭,唯有信息可持续增长。在此,我们将物质和信息的关系往更深一层次探讨。所谓物质不灭是指物质世界会永存,而每个单体物质都是由信息构成。现实世界中的物质是由信息进行排列组合而成的,无论是一栋建筑、一台电脑,还是一种药物,都是由设计者根据特定的信息或知识来创建的。这些信息包括原材料的性质、制造过程、设计原则等。自然物质中,像岩石、水或生命体,也是由基本的粒子构成的,如电子、质子和中子,这些粒子都遵循自然界的基本物理定律。这些自然物质的特性和行为(比如一个水分子的性质或一个生命体的行为)可以被理解为信息的一种形式。比如,生命体的DNA含有编码其生物学特性的信息。

了解了物质和信息的关系,我们再来看看人工智能。人工智能发展的三要素中,计算力的提升、算法的提升都是基于大数据来实现的。数据就是信息。信息,另一方面,定义为一种可以量化、创建、传输和存储的资源,其在人类知识和技术进步的推动下，持续地增长。尤其在人工智能的语境下，信息的重要性更是不言而喻。

数据是算法的生命线。人工智能的核心就是学习和预测。无论是用于识别图片中的对象，还是预测股市的趋势，人工智能都需要大量的数据来学习和理解世界。这些数据就是信息，它们提供了对于世界的一种描述，人工智能通过学习这些信息来理解世界并进行预测。

然而，世界是一个复杂的系统，充满了无序和混沌。信息的价值在于它可以通过将物质和能量的状态和行为编码成可理解和处理的形式，来为我们提供一种理解和控制这个复杂系统的方法。在现实世界中，无论是自然物质还是人造物质，都可以被看作是信息的一种组合和排列。

柏拉图认为，世界的发展方向是完美。他在《理想国》一书中提出了"理想世界"的概念，他认为真理和美善都存在于这个完美世界中。现实世界只是理想世界的影子，现实世界是不完美的，存在着混沌和矛盾。但是，人类应该通过不断追求真理和美，来逐渐接近理想世界，实现完美。

世界的完美可以用"熵"来度量，"熵"是一个来自于热力学的概念，表示系统的混乱或无序程度。在热力学中，熵描述了一个封闭系统的能量如何被分配和使用的情况。一般而言，熵越高，系统的无序程度越大；熵越低，系统的有序程度越高。熵的概念后来被引入到了信息理论中。在信息理论中，熵用于衡量信息的不确定性。如果信息的可能结果很多，那么信息的熵就很高；如果信息的可能结果很少，那么信息的熵就很低。

无论是在物理世界还是在信息世界，熵都是用来描述混乱、无序和不确定性的度量。降低熵的过程，就是从混乱向有序的过程，是向"完美"或理想状态的追求。

信息技术的使命是为世界提供信息，发展方向是让人们能够更加高效地获取和利用信息，信息数据仅仅是表面现象，最终目的是透过现象看本质。而人工智能作为信息技术的一种重要手段，其目的就是为了帮助信息实现这个目标。人工智能只是信息的"奴仆"而已。

物质的混乱可以通过人工、外力让其变得有序，小到整理家务，大到将混乱建筑材料盖成高楼大厦，都是这个熵减过程，是物质世界向完美变化的过程。

与物质世界相对的，是信息世界。人类的幸福感并非仅仅来自物质的满足，还与思维、大脑的运作密不可分。一个充满杂乱思绪的头脑，或者充斥谎言的网络，都是不完美的信息世界。正如机械和电子技术服务于物质熵减，推动世界向完美发展，人工智能则作为信息熵减的助手，服务于信息的清晰明了。

此外,人工智能需要大数据的支撑,这些数据依赖于信息技术的采集、存储和处理。换言之,若无信息技术的支撑,人工智能将成为无源之水,信息是其生命之源。

人工智能,作为信息技术的一种关键手段,其目标在于实现信息的简单明了,是推动信息熵减过程的重要工具。通过大数据的分析和学习,人工智能能够帮助我们更有效地处理信息,提高信息的应用价值。随着科技的不断进步,人工智能将在更多的领域发挥作用,带来更多的便利和福利。

柏拉图的完美世界理念启示我们,物质和信息的有序化——也就是熵的减少——是推动世界走向完美的重要途径。人工智能,作为信息熵减的重要工具,对此起到了关键作用。在这个过程中,物质科学致力于理顺混乱的实体世界,而信息科学,尤其是人工智能,集中精力减少信息的熵值,使得信息更井然有序,效用更显著。

尽管人工智能在处理和理解信息上的能力日益增强,但它并不能改变信息本身。信息的真实性、准确性和完整性,仍然取决于我们如何收集、编码和储存信息。算法的逻辑是基于人类知识(信息)构建的。

人工智能并非处于无可匹敌的地位,因为信息才是真正决定人工智能发展的关键。在现实世界中,物质是无序的,而信息是被不断组合构成物质,人类利用人工智能进行数据的筛选、加工处理就是整理信息的过程,不断增长的信息决定了人工智能的发展水平,少量的信息量无法实现高智能水平的人工智能。

人工智能被编程成处理和回应输入的信息,所有的行动和决策都是由这些信息引导的,人工智能仅依据既定的规则和算法,根据获取的信息来执行操作,它并无自由意志或自决的能力。人工智能技术的持续发展实际上是由信息世界对降低熵值的需求所推动的。这个观点与尤瓦尔·赫拉利在其作品《人类简史》中提出的"小麦驯化人类"的论点有相通之处。虽然人工智能的行动和决策能力在很大程度上受限于它接收的信息,但人类社会对于减少信息熵值的需求将不断推动人工智能向更高的技术水平演进。只要我们能提供大量的高质量信息,人工智能的潜能和应用范围实际上是无界的。

六、生成式人工智能引起人类智力的跳跃式发展

我们肯定了人工智能在经济形态转变过程中的重大核心地位,并从关键增长要素角度分析出人工智能很难产生内卷,从而能看出该行业将在未来很长一段时间内保持良好的增长态势。然而,人工智能与农业、机械、电子等行业不同,其强大的工具性特征使其增长在很大程度上依赖于对传统行业的提升,同时也表现出强大的自主性。我们可以预见,人工智能的发展方向将分为两个部分:一是赋能其他领域,二是自我应用和进化。由于人工智能迭代速度快,自我学习能力强,它已逐步扩大了对许多传统行业的替代范围,这引发了一部分人对未来的担忧。对此,我们也对人工智能智力水平进行了分级,将人工智能分层揭示并给出乐观的判断态度。

尽管全球范围内,以马斯克为代表的一派人持有对人工智能的悲观态度,并且在全球范围内影响了一大部分人对人工智能的负面看法。马斯克在2018年就曾声明,"记住我的话,人工智能将比核武器还可怕"。ChatGPT 4诞生后,他甚至呼吁至少暂停ChatGPT 4以上版本的研究6个月。然而,无论少数人的意愿如何,时代的进步车轮不会因此而偏离轨道。尽管OpenAI的大型语言模型遭到了部分国家和重要人物的反对,但这并没有阻止谷歌、马斯克以及国内的百度、华为、阿里巴巴、360等公司继续研究他们自己的大语言模型。此外,结合ChatGPT的智能应用工具也越来越多。李彦宏在2023年5月18日的天津世界智能大会上表示,人工智能不会抢走人类的工作。他认为,人类最大的危险,最大的不可持续,并不是由创新带来的不确定性,而是停止创新,停止发明和创造,按照惯例走下去,这才是人类面临的最大危险。他的观点符合人类科技创新的本源之力理论。可见,人工智能发展大势不会倒退。

其实,人工智能的广泛应用确实会存在一定的行业风险性,主要有以下几点:

(1)数据隐私和安全:人工智能系统通常需要处理大量的数据,其中可能包含个人信息。

(2)偏见和公平性:人工智能系统通常通过学习数据来进行预测和决策,

如果这些数据包含偏见,那么人工智能系统也可能会复制这些偏见。

（3）透明性和可解释性:人工智能系统的决策过程往往是不透明的,这可能导致决策的公正性和准确性受到质疑。

（4）自动化和就业:人工智能的应用可能会导致许多传统的职业被自动化,这可能对劳动市场和社会结构产生深远影响。

（5）人工智能伦理:人工智能的应用也涉及许多伦理问题,如人工智能的道德责任、人工智能的自主权和人工智能的使用限制等。

然而对于这些问题,我们深信,只要人类已经认识到这些风险,一定会积极地朝着规避这些风险的方向努力前进。

在这里,我们需要从更高的视角来探讨人工智能对人类的根本影响。通过观察,我们发现,截至2022年,人类的人工智能技术仍然主要处于识别型人工智能的阶段。识别型人工智能,也被称为判别型人工智能,其核心功能是通过学习来辨识、归类以及预测数据。主要有以下几种类型:

（1）图像识别。这是识别式人工智能较常见的应用之一。比如,社交媒体应用可能使用人工智能来识别用户上传的照片中的人脸,然后自动标记这些人。自动驾驶汽车也使用图像识别技术来识别路标、行人和其他车辆。

（2）语音识别。许多现代的设备和应用,如智能手机和智能音箱,都使用语音识别技术来解析用户的语音指令。比如,你可以对你的手机说"打开天气应用",然后你的手机就会执行这个指令。

（3）自然语言处理。这是另一个识别式人工智能的重要应用。比如,邮件过滤器可以使用自然语言处理技术来识别垃圾邮件。搜索引擎也使用自然语言处理技术来理解用户的搜索查询意图,然后反馈相关的搜索结果。

（4）预测分析。许多公司使用识别式人工智能来分析数据并预测未来的趋势。比如,电商公司可能使用人工智能来预测哪些产品未来的销售量将会增加,然后据此制定他们的库存策略。

总的来说,识别式人工智能通过分析和理解数据,帮助我们更好地识别和理解世界。

但随着2023年Open AI公司的ChatGPT在全球范围内推出及应用,短短几个月时间内的表现足以预示一种新的人工时代的到来,与识别式人工智能并行发展,可以称之为生成式人工智能。生成式人工智能是一种能够创建新的数据或信息的人工智能,其目标是生成以前未见过的输出。主要有以下几种类型:

（1）文本生成。生成式人工智能可以创建新的文本,这在各种场景中都有应用。比如,OpenAI的ChatGPT就是一种能够生成连贯和有意义的文本的人工智能。它们可以被用来撰写文章、生成诗歌、编写代码,甚至进行对话。

(2)图像生成。生成式人工智能也可以创建新的图像。比如,使用一种称为生成对抗网络(GAN)的技术,人工智能可以创建非常逼真的人脸图像。这种技术也被用于创建新的艺术作品、设计服装,甚至生成虚拟现实环境。

(3)音乐和声音生成。生成式人工智能可以创建新的音乐和声音。比如,有些人工智能系统可以根据给定的风格或模式创建新的音乐片段。此外,还有一些系统可以生成特定人的声音,这在声音合成和音频后期制作中有许多应用。

(4)虚拟人生成。这是生成式人工智能的一个新兴领域,人工智能可以生成虚拟的人物,这些人物可以在虚拟现实、电子游戏或者电影中使用。

人工智能行业正在经历从纯粹的识别式人工智能向识别式和生成式人工智能并行发展的阶段,这引发了我们对于人类认知和思维训练方式在新的人工智能时代下将会接受怎样革新的深思。

人类大脑拥有三个分层次的认知功能。

第一层是记忆,涉及获取、存储和回忆过去的经历和学习信息。记忆被分类为不同类型,包括短期记忆和长期记忆、语义记忆(关于事实和概念的记忆),以及情境记忆(关于特定事件和经历的记忆)。记忆的形成和维持对学习和决策过程是至关重要的。随着个体获得更多的知识和经验,大量的神经元使得大脑能更有效地将新问题与已有的知识进行联系,进而形成推理能力。这种能力在人类生命前期就形成。

第二层次的认知功能是归类分析,涉及信息的整理、分类和理解的过程。人们倾向于将信息组织成有意义的模式和概念,并通过将相关的信息分类到适当的类别中来识别和理解世界。归类分析有助于建立认知框架和知识结构,构建个人的认知模型,且这决定了个体的认知水平。

第三层次的认知功能是学习提升。这是基于记忆和归类分析,通过学习和经验的积累不断提升认知能力和思维水平的过程。学习提升包括以下几个方面:

(1)灵活性和创新思维。学习提升使人们能更灵活地思考问题,打破传统思维模式。从多角度和视角看问题,有助于发现新的解决方案和创新点。

(2)抽象思维和概念形成。学习提升助长更高级的抽象思维和更广泛、深入的概念形成。人们可以将具体事物和情境抽象出一般性的规律和原理,并将其应用到新的场景中。

(3)反思和元认知。学习提升也意味着能够反思和评估自身的学习和思考过程,从而认识自己的学习策略和方法,并进行调整和改进。此外,它还能增强个体对自身认知过程的监控和控制能力。

(4)长期学习和自主学习。学习提升推动人们进行持久的自我学习,并且提高了他们的自主学习能力。这使得个体可以主动探索和积极获取新知识,以不断扩充认知范围和知识结构。

学习提升代表了人类认知功能的最高层次,它在记忆和分类分析的基础上,通过发展灵活性、创新思维、抽象思维、反思和元认知等能力,来进一步提升人类的认知水平。这个过程是持续的、个体化的,并且可以在不同的领域和任务中持续应用和发展。

显然,生成式人工智能有可能取代许多重复性和劳动密集型的工作,而那些需要创新性和策略性思考的工作可能会得到提升。随着生成式人工智能的涌现,人类思考能力的重要性将进一步被凸显,而相比之下,学习的重要性可能会相对降低,因为获取知识变得越来越便利。

在生成式人工智能的时代,人工智能已经可以执行人类大部分第一层级的认知任务,并在很大程度上协助人类处理第二层级的认知任务。这种情况使得人类能够将更多的精力专注于第三层级的认知能力——提升学习能力的训练。生成式人工智能具备大数据处理和分析的能力,它能自动记忆和索引大量的数据,然后根据需要快速检索相关信息。这使得人类不再需要投入大量时间和精力去记忆和查找信息,从而可以将更多的精力用于更高级别的认知活动。生成式人工智能还可以快速地对大量信息进行分类和分析,以找出潜在的模式和规律。这意味着人类不再需要花费大量时间和精力进行繁琐的数据处理和分析工作,而可以将更多的精力投入到理解和应用这些模式和规律上。人们可以投入更多的时间和精力去学习新的知识和技能,发展创新思维和抽象思维能力,提高反思和元认知能力,以及培养长期学习和自主学习的习惯。

早在2500多年前,中国伟大的教育家孔子就提出了"学而不思则罔,思而不学则殆"的学习方法。这句话强调了学习与思考之间的辩证关系,并阐述了单纯学习而不思考则会导致茫然无知,单纯思考而不学习则会陷入疑惑不解的境地。这一观点不仅是一种阅读方法,更是对学习与思考关系的综合阐述,表达了学习与思考是相互依存、缺一不可的关系。然而,生成式人工智能可能使这种平衡2500多年的关系发生转变。人工智能技术的发展和应用,尤其是生成式人工智能,正在逐渐接管大量的学习和记忆工作。这意味着人们需要更多地关注和提升思考的能力,因为人工智能正在引导我们进入一个以思考和创新为主的新时代。在这个时代,单纯的学习可能无法满足需要，我们需要更多地去思考、去创新，以适应这个由生成式人工智能主导的新时代。我们将从单纯的死记硬背知识转变为提升自己的学习、思考、创新和解决问题的能力。社会对我们的要求不再是固定的知识与低水平重复性的技能，而是解决问题的能力。生成式人工智能时代将鼓励大家更积极地进行思考，深度探索，在获取知识的同时，更注重自身能力的提升。我们的第三层次的能力将得到大量的训练，长期处于这样的时代，人类的智力发展可能会实现一次量跃式的突破，进而导致认知能力的大幅提升。

提升人类认知能力须依赖以下三个关键特性，即开放性、智慧和乐观主义。

开放性意味着对新的观点和信息保持敞开的态度，避免故步自封，保持持续成长的欲望。具备开放性的人更易于接纳新的知识和体验，为自我进步创造了无限可能性。这种态度拓宽了他们的视野，使他们能深化对事物的理解并发展出更全面灵活的认知能力。

智慧则表示能从片段的信息中寻找事物的本质，包括思考、分析和推理的能力在内。聪明的人有辨别信息的能力，能从复杂的事物中找出关键的因素，并理解其背后的规律。他们能够将信息整合，构建更精准全面的认知模型。这种智慧使他们更有能力解决问题、作出决策，并应对认知挑战。

乐观主义则是持有积极的世界观，相信事物有变得更好的可能，并对未来怀有希望。乐观主义对于认知的提升极为关键，因为积极的态度激发了个体的热情和决心，推动他们更主动地学习和成长。乐观的人更可能迎接挑战，持续地追求认知提升。

开放性、智慧和乐观主义三个特性可以互相促进并加强。开放性的心态为人们提供了接纳新知识的机会，智慧帮助他们更好地理解和应用这些知识，乐观主义则激发他们的积极性和动力，推动他们不断追求认知的提升。

ChatGPT正是基于这样的人类认知特性构建的。全球大数据为ChatGPT提供了开放性的基础，强大的计算能力则体现了人类的智慧，以正面的方式处理问题则模拟了人类的乐观主义。当然，我们只能说ChatGPT被设计成这样，是为了更好地模拟人类认知，辅助人类处理认知的第一、二层次的任务。然而，ChatGPT并不真正拥有乐观主义的意识，它以正面方式回答问题，只是为了帮助人类更好地保持乐观态度。

我们在"本源之力"里谈到，冒险是刻写在人类基因里的精神品质，通过主动参与冒险和思考的过程，我们才能发现和发展自己的潜力和智力。在生成式人工智能时代，我们仍需敢于冒险的精神，勇于挑战思维的边界，尽可能地应用和发展我们的思维能力。

　　瑞士发展心理学家让·皮亚杰(Jean Piaget)是认知发展理论的先驱。他提出认知发展的跳跃性阶段理论,认为个体在智力发展中经历了跨越性的认知阶段,从而实现认知能力的跳跃式提升。在生成式人工智能时代,由于生成工作被取代,人类需要更多地集中精力在思维、创造和判断上,这有望促进智力发展的跳跃性进步。

第五部分
市场与政府

一、市场失灵依赖于政府调节

市场需不需要政府干预在经济学领域一直是争论的焦点问题之一，大部分学者认为市场需要政府的适度干预，但"适度"如何把握，仍存在较大的模糊性。回看过去45年的我国经济发展过程，无论是从20世纪政府对国企的支持和保护力度来看，还是从近年来政府招商过程中通过城投公司对企业进行股权直投或基金投资的操作方式上来看，这些行为可能会被西方经济学者认定为政府对市场的过度干预。然而，我国的经济不仅找到并适应了这种特有的发展模式，而且实现了经济体量的快速增长，其科技地位对全球的影响力也日益增强。理解这些现象对于深化我们对市场与政府关系的认识至关重要。在讨论这个问题之前，我们首先需要把两个关键概念彻底理解清楚。

1. 市场失灵

市场失灵是一个经济学术语，它是指市场无法有效地配置资源，从而不能达到社会的最优福利。在一个理想的、完全竞争的市场中，价格机制可以将需求和供应相平衡，资源会被自动地配置到那些价值最高的用途上。然而，在现实世界中，市场常常因为各种原因无法完美运作，导致资源的配置不尽理想，这就是市场失灵。

市场失灵主要有以下几种常见的形式：

（1）信息不对称。当买方和卖方之间的信息不平等时，就会出现信息不对称。这可能导致市场无法有效地运作。例如，卖方可能会利用其比买方更多的信息来获取不公平的利益。

（2）负外部性。外部性是指一个经济活动对于其他人（无论是其他消费者还是生产者）产生的、未被市场价格所反映的影响。比如，一家工厂排放的污染对周围环境和居民健康产生的影响，就是负外部性。

（3）公共品缺失。公共品是一种既非排他性又非竞争性的商品或服务，意味着每个人都可以使用，且一个人使用不会剥夺其他人的使用。比如清洁的空气、公园等。这类商品的特性导致其无法通过市场机制提供。公共品的缺失是市场失灵的侧面反映。

(4) 垄断。垄断是指市场上只有一个供应商或者一小部分供应商控制了大部分的市场份额,这使得他们可以操控价格,阻止新的竞争者进入,导致市场失灵。

这些都是市场失灵的例子。对于"公共品的特性很难通过市场机制提供"这点比较好理解,但信息不对称、负外部性、垄断似乎是市场的常态,那么,市场是不是长期处于失灵的状态呢?

确实,信息不对称、负外部性和垄断这些情况在现实生活中是经常存在的,从某种意义上说,市场经常处于一种不完全理想的状态。然而,我们通常不会认为市场处于"长期的失灵状态"。

尽管这些问题经常存在,但在许多情况下,市场仍然能够相当有效地工作。价格机制仍然能够在大多数情况下引导资源的分配,供需的相互作用仍然能够产生价格信号,帮助生产者和消费者作出决策。此外,政府和其他组织经常会采取行动来解决这些问题。例如,政府可以制定法规来限制垄断、减少污染,或者提供公共产品。同样,市场参与者也可能自发地找到方法来处理信息不对称问题。例如,保险公司可能要求潜在的保险购买者提供详细的个人信息,以便更准确地定价。

"市场失灵"是一个相对于理想的完全竞争市场而言的概念。在一个完全竞争的市场中,所有的买家和卖家都是价格接受者,没有人能够影响价格,所有的信息都是完全透明的,不存在负外部性。然而,这样的市场在现实中几乎是不存在的,因此,从某种意义上说,所有的现实市场都与这个理想的模型有所偏离。

实际上,并没有一个明确的量化标准来确定市场何时算是"失灵"。通常来说,当市场无法有效地进行资源配置,导致社会福利没有达到最优时,我们就会说市场发生了失灵。市场失灵主要有以下几种表现:

(1) 不公平的分配。如果市场的结果是资源分配极不公平,这可能是市场失灵的一个迹象。例如,如果一小部分人拥有社会的大部分财富,而大多数人却贫穷困苦,那么市场可能就没有发挥其有效进行资源配置的作用。

(2) 无法提供公共产品。由于无法通过市场机制来获取足够的回报,私人企业往往无法有效地提供公共产品。如果一个社会缺乏必要的公共产品(如公共卫生、国防、基础科研等),这可能是市场失灵的一个迹象。

(3) 严重的负外部性。外部性是指经济行为对第三方产生的未经市场交易的影响。如果一个经济活动产生了严重的负面影响(如环境污染),但是这些影响并没有反映在市场价格中,那么市场可能就没有进行有效的资源配置。

(4) 信息不对称造成的严重问题。信息不对称可能导致市场无法正常运作,如美国的"柠檬市场"现象[①]。在这种情况下,消费者无法有效地选择优质产品,导致市场中的低质量产品占据主导地位,从而阻碍了市场的正常运转。

（5）无竞争或垄断状态。市场中的无竞争或垄断状态会带来多方面的问题。如果市场缺乏足够的竞争,或者某些市场由于垄断形成,可能会导致价格被人为地抬高,供给不足,以及消费者选择受限的情况。垄断者通常能够操控市场条件,不利于消费者利益,并可能限制创新和产品质量的提升,从而影响市场的经济效率和公平性。

2. 人·比特与公司·比特

美国的制造业曾经是全球的楷模,强大的制造业也曾是"美国梦"的重要组成部分。以1927年建成的福特胭脂河工厂为例,这个占地约1.49平方千米、可容纳10万人的超级工厂,极尽规模和分工之能事。原料进去,成品出来,规模和分工的优势使得工厂每10秒钟就能生产出一辆汽车,汽车的价格因此大幅降低,进而走入了千家万户。然而,这个曾经的巨头如今已经关闭,且此类巨型工厂在全球范围内并没有得到广泛推广。让我们分析一下其中的原因。

首先,福特胭脂河工厂的工作模式是通过建立工厂实现分工合作,让每个人都能在自己的位置上发挥最大的能力。例如,他们将T型车的生产分解为7882个细小的任务,每个任务对应一个岗位,工人只需在自己的岗位上完成相应的单一任务。这种精细的任务分解使得每个任务都相对简单,人们通过重复性工作可以提高熟练度,从而提高效率。但是,这样的分工真的达到了人的极限吗？人的极限又是什么呢？

实际上,人们在现代工作中的极限并不仅仅是体力,更多的是智力。智力处理的是信息,而信息的单位是比特(bit)。塞萨尔·伊达尔戈(Cesar Hidalgo)在《增长的本质》一书中,将人的极限称为"人·比特",用以表示一个人的神经系统所能处理的最大信息量。每个人能够承受的信息量有其极限,超出这个复杂程度的工作就需要进行协作,公司正是为了促进人与人之间的协作而产生的组织。

人的能力是有限的,需要通过合作来实现更大的目标,那么公司作为一个由多个人组成的组织,它的能力是否可以无限扩张呢？实践证明,公司的能力也是有限的。伊达尔戈提出了一个概念叫作"公司·比特",指的是一个公司在保持有效运作的前提下,所能处理的最大信息量,一旦超过这个极限,工作效率就会下降。

[①] "柠檬市场"现象是指市场上的好产品因为买家无法分辨好坏而被挤出市场。

以福特公司为例,其生产流程涵盖了从采矿、伐木、挖煤开始,到炼钢、铸件、锻造零部件,再到生产皮革、玻璃、塑料、橡胶等汽车配件,最后在工厂内组装成整车下线。需要注意的是,所有这些过程都可以在胭脂河工厂中完成。

然而,随着科技的发展和交通信息通信的便利,专业化的公司大量涌现。在采矿方面,福特不如淡水河谷;在炼钢上,福特不如卡内基;在制造橡胶上,福特不如固特异;甚至在汽车制造上,福特也不如丰田。福特的问题在于,它试图做得太多,没有形成自己的专业优势,最终导致超过了"公司·比特"的极限,大而全的胭脂河工厂无法持续运作,最终走向衰落。

3. 协调市场失灵必须依靠政府

通过"市场失灵"和"人·比特"与"公司·比特"等概念的理解,我们清楚地知道了市场失灵的威胁因素一直存在,只是大多数情况下,真实的市场只是与理想市场模型存在一定的偏离,而非真正失灵。理想的市场是可以通过自身机制的调节让资源的效用最大化。这正如"人·比特"的存在需要通过公司组织实现人的效用最大化一样。

"人·比特"和"公司·比特"这两个概念有助于我们理解市场经济中的某些问题,包括市场失灵。

首先,我们考虑"人·比特"。个人能处理的信息是有限的,这意味着个人可能无法完全理解一个产品或服务的全部复杂性,尤其是当涉及复杂的产品信息时。比如,某药品厂家在产品使用说明书中披露各种药品组分、适应证、副作用,以及复杂难懂的化学分子式等信息,大部分人都会忽略这些信息;保险公司为你设计产品时,一个保险合同几十页,很少有人全部看完并理解里面保险的条款信息。这些都是因为人·比特的存在造成的信息不对称。当然还有一种情况,信息本身并不复杂,而是因为个人了解信息的手段和渠道受限,致使卖方有条件刻意隐瞒信息,比如美国的二手车市场现象(前文提到的"柠檬市场")。但是,很少人们因为看不懂药品说明书而吃错药,也很少有人因为买错保险产品而蒙受巨大损失,二手车市场也并没有消失。那是因为,有政府在监管,有医生在把关,有市场本身的机制在起作用。

然而,真实世界的复杂信息量非常庞大,"个人·比特"的存在并不能让我们在处理所有信息时都能得到庇护,这就有可能因为个人处理信息能力不足造成市场失灵。最典型的案例是印度市场。印度受种姓制度的长期影响,导致较低种姓的人可能难以获得高质量的教育,这可能限制了他们接受和处理信息的能力。同时,高价值信息可能只在种姓内部流动，而不是在整个社会中流动，这可能会导致信息的隔阂，其中一些群体可能掌握了其他群体无法获得的信息，从而增加了市场的不公平性和低效率。当然，虽然印度强烈的贫富分化是典型的市场失灵表现，但市场失灵并不意味着经济增长会完全停止，只是会阻碍经济发展的速度和质量，限制经济潜力的充分实现。印度因人口红利、信息技术优势，以及政府的经济改革政策刺激，其经济情况仍保持上升趋势。但就长期而言，解决市场失灵，改善贫富分化，促进包容性增长，对于印度来说是一个重要且紧迫的任务。

再来谈谈个人处理能力受限问题。当个人处理能力达到限值时，开始向外需求协作，这时候更强大的组织机构——公司出现了。公司也只能处理一定量的信息，如果一个公司尝试处理超过其极限的信息，可能会导致效率下降。这也可以解释为什么在某些情况下，没有任何公司能够或愿意提供某种必要的产品或服务。例如，为偏远地区的人们提供基础设施（如电力或互联网服务）可能会超过任何一个公司的信息处理能力，因为这可能需要管理大量的物理设施，并处理与之相关的复杂问题。

在这些情况下，政府干预是必要的。政府可以通过制定和执行法律来解决信息不对称的问题，例如，要求公司提供更多的产品信息，或者保护消费者免受欺诈。同时，政府也可以直接提供某些产品或服务，或者通过补贴或其他激励措施鼓励私营公司提供这些产品或服务，以解决无法由市场提供的必要产品或服务的问题。

通过本书前面的内容，我们了解了技术会向上发展，也会调头向下，可以通过降维打击、普及化应用和行业赋能等形式影响低端行业。技术走向复杂，受人类的欲望驱使。但技术不能直接给人类带来任何好处，它需要服务于经济，在市场中生根、发芽、开花、结果，最终让人类各自摘取需要的果实，满足自身不断发展的欲望。然而，市场是有可能失灵的。在市场失灵的情况下，市场机制无法有效地工作，需要政府的宏观调控，如通过制定和执行法规等方式进行干预，以纠正市场失灵。

基于这样的认知，我们不得不连续发问：技术服务于经济，那么市场的影响会阻碍技术自身的发展规律吗？市场任其自由发展，会失灵吗？如果会，谁具有最强大的统筹协调能力，是集团，是大企业，还是政府？如果是政府，政府有能力解决问题吗？这些问题是一个逻辑链上的，统归到最后变成一个问题——市场到底需不需要政府。

不得不承认，人们对政府在市场中的作用评价不一。这些评价的视角是基于政府对市场进行行政干预产生的结果。负面评价往往由部分群体对政府行政干预市场产生不理想的结果而联想到政府干预能力上的"无能"而作出的反馈，甚至也会受到某些受损利益集团的言论助推,从而助长了政府"无能说"的谣言散布。

然而,我们必须认识到,在出现市场失灵的情况时,政府的干预和调控不仅是必要的,而且是有效的。著名经济学家约翰·梅纳德·凯恩斯(John Maynard Keynes)认为,由于市场的不完全自主调节性,政府应通过财政政策和货币政策来调节经济,特别是在经济衰退时,政府应增加公共支出、扩大预算赤字,以刺激经济需求。市场失灵时,任何利益集团都无法客观地进行市场矫正,我们必须把希望寄托在政府身上。

至于集团或企业,它们确实在某些领域有着巨大的影响力和统筹能力。例如,像谷歌、亚马逊这样的科技巨头,在互联网、人工智能等领域发挥着巨大的推动作用。然而,企业的目标通常是追求利润,这可能导致它们忽视或牺牲社会公益。此外,企业往往只关注自己专注的领域,对于涉及多个领域的复杂问题,如环境保护、公共卫生等,企业往往无法进行有效的统筹。

政府本质上是代表人类的共同利益。但是市场这个大系统非常复杂,这对政府行政干预能力提出了极高的要求。政府的作用在于引导和调控技术的发展和应用,以最大化其对社会的积极影响,同时尽可能地减少其可能产生的负面影响。但实际上,政府确实面临着能力和信息不对称的问题。由于市场信息的复杂性和变动性,政府可能无法全面准确地了解市场的实时动态,也可能无法预见到技术发展带来的一些深远影响。因此,政府在进行决策时,需要尽可能地收集和分析信息,同时也需要建立有效的反馈机制,以便及时调整政策。这就让我们联想到,一个健康发展的国家政府,好比是一个不断完善的智能系统,社会大众需要对它有一定的容错心理。只有接受政府在某些特定领域表现的"无能",我们才能给予政府在这个复杂世界中航行和调整的空间。

然而,要让政府在这个复杂的市场中有效地发挥作用,我们需要对政府本身进行改革和创新。政府需要建立更加开放、透明、参与性的治理模式,更好地利用科技手段提高治理效率和公众参与度,提高决策的科学性和公正性。

这一切的核心,是为了建立一个健康的市场机制,让技术在市场中的自由发展得以持续,而不被市场的失灵所阻碍。一个健康的市场机制,不仅能够充分调动各方的积极性,还能有效地进行资源配置,使得技术真正服务于人类,推动社会的进步。

在这个过程中,政府、企业和社会大众都有各自的角色和责任。政府需要提供公平的竞争环境和有效的监管,企业需要负责任地进行创新和生产,社会大众则需要提高自己的素质,以理性和公正的态度参与到市场的运作中去。

二、因为不同，所以重新审视

在过去的45年里，我国从一个贫穷落后的国家，跨越重重挑战，奋力向前，崛起为世界第二大经济体。特别是在改革开放初期，我们能看到，这一漫长而艰辛的历程充满了挑战与尝试，政策调整和改革实践也是曲折反复，其中充满了辛酸和悲喜。

我国政府在这一历程中就像是一位探险家，行走在一条崎岖的道路上，摸着石头过河，不断尝试，不断寻找正确的方向。他们在这个过程中学会了如何在动荡不定的环境中保持平稳，如何在挫败中找到新的出路，如何在风雨中坚持信念。这就像一幅美丽而深沉的画卷，画中虽然充满了挫折和磨难，但也充满了希望和坚韧。

这个历程，不仅是我国政府的一次重要尝试，也是一个伟大的教训，告诉我们，只有通过不断的试验和改革，才能找到最适合自己的道路。不管是繁荣还是困难，胜利还是挫败，这一切都成为我国政府在未来发展道路上的重要参考。

自我国实施改革开放以来，经济成就引起了全世界的瞩目，科技领域也是如此。然而，对于我国的技术进步，部分西方观察者持有这样的看法：我国的经济体制并不像西方那么自由，技术的发展在相当程度上受政府引导，缺乏完全自由的创新氛围，由政府引导的技术不足以对西方构成威胁。这种观点折射出一个更深层次的问题：技术的本质是什么？特别是在不同的社会经济体制下，技术的本质是如何被理解和表述的？

实质上，技术并不是孤立存在的实体，它是由人类社会环境和社会经济体制塑造的。在西方的自由市场经济体制中，技术的发展主要是由市场需求和竞争驱动的，政府的作用主要是设定规则和制定政策。在这种情况下，技术的本质被认为是创新，即新技术和新产品的开发，以满足市场需求，实现经济增长和社会进步。

然而，我国的社会经济体制既有市场经济的特征，又有计划经济的特征。在这种体制下，政府在技术发展中起到了关键的引导和推动作用。政府通过制定政策、投入公共资金、组织大型科技项目等措施，推动技术进步，在引导技术创新方面发挥了重要的作用。

这种模式在很大程度上推动了我国众多技术领域的进步。政府的引导和支持,为需要长期投入、高风险的技术研发提供了可能。同时,通过规模化投资和集中资源,我国快速在诸如5G、人工智能、量子计算等关键技术领域取得了显著的进展。

政府引导的技术发展模式确实存在一定的问题和挑战。例如,它可能导致资源配置效率低下,因为政府的决策可能受到政治因素的影响,而不完全是基于市场需求和经济效率。此外,政府对技术发展的过度干预可能抑制了企业和个人的创新动力,因为他们可能过于依赖政府的资源和指导,而忽视了自身的技术开发和创新能力。

然而,这并不意味着我国的技术进步只依赖于政府的推动。相反,市场在中国的技术进步中也起着重要的作用。无数的创业者和企业通过自己的努力,开发出了具有市场价值的新技术和新产品。这种市场驱动的技术创新,尤其在互联网和移动通信领域,已经改变了中国的经济结构和社会生活。因此,我国的技术进步并非完全受政府引导,也不完全是市场驱动,而是两者的结合。

我国是世界最大的发展中国家,我们用了30年的时间实现了计划经济向市场经济的跨越,又用了20年的时间对市场经济进行探索,并成功加入了世界贸易组织,之后仅用10年时间发展为世界第二大经济体,促使其在全球经济中的地位日益重要。我国经济增长背后的引擎就是科技创新,而这种创新既是由政府引导,也是由市场驱动。在了解我国经济发展的过程中,必须从我国的视角出发,理解和研究其背后技术的本质。

我国的科技创新模式独特,其成功在很大程度上来自于政府和市场的相互作用。政府提供了必要的政策和资金支持,使得一些需要长期投入和高风险的科技研发成为可能。同时,市场竞争也在推动着科技的创新,创业者和企业不断开发出新技术和新产品,以满足消费者的需求,实现经济增长。理解这种模式对于了解我国技术进步的路径至关重要。

不可否认的是,我国的技术进步也正在快速改变世界。无论是5G、人工智能还是量子计算,我国都在这些领域取得了重要的突破。这些技术进步不仅正在改变中国,也在改变全球。从我国的视角看待技术的本质,可以帮助我们理解这种快速变化的驱动力,更全面地看待技术的作用和价值。

西方学者需要重新审视我国的技术进步,不再简单地将其视为政府引导的结果,而是要理解市场在其中的作用和影响。同时,这也意味着西方需要调整自己的科技政策和策略,以适应我国的挑战和机遇。我国的科技进步和西方的关系,也并非零和博弈。技术的发展和创新，无论是在哪里发生，都可以为全球带来福利，推动全球科技水平的提升。我国在技术进步方面的努力，可以为全球的科技创新提供重要的动力。

布莱恩·阿瑟和凯文·凯利确实已经为我们揭示过技术的本质。但我国的技术发展模式与西方国家不同，我国政府在科技发展中扮演了重要角色。因此，我们需要从我国的视角出发，强调政府在技术发展中的作用，以更全面地理解技术的本质。这不仅对于我们理解我国的科技进步具有重要意义，也对于我们理解技术本身的性质提供了新的视角和思考。

三、从"合肥模式"看政府与市场

吴晓波先生在他的《激荡三十年》和《激荡十年，水大鱼大》中生动地描绘了我国改革开放的艰难历程，让我们看到了我国政府如何像一个勇敢的探险家，在崎岖的道路上摸着石头过河，不断试错，寻找正确的方向。然而，吴晓波的著作虽然提供了一个宏观的视角，展示了我国政府如何引导和影响国家的整体发展，但如果我们想要深入了解政府如何干预市场，以及这种干预的必要性和影响，我们需要把视线聚焦具体的城市，看看它们是如何在政府的影响下发展起来的。

我们选择合肥作为分析对象的理由，在于其近20年来创造的惊人发展业绩。在此期间，合肥的GDP增长了近30倍，城市GDP排名从全国第82位跃升至前20位，甚至曾被《经济学人》评价为"人均GDP增速全球第一"的城市。如今，合肥已成功完成集成电路、新型显示、新能源汽车等产业布局，并在量子技术、智能语音、热核聚变等领域引领着全球技术的追随。区域内汇聚着京东方、科大讯飞、长鑫存储、蔚来汽车、国盾量子等众多在全球范围内备受追捧的明星企业。

因此，我们选择合肥作为分析对象，不仅源于我们对此地的亲身经历，更因为我们目睹了这个城市的崛起。我们希望以第一手视角解读这座城市，以具体案例揭示市场与政府之间的关系，探究行业技术在政府的影响下是得到了救赎还是加速了衰败。更深层次的，我们希望研究，当市场失灵时，代表公共利益的政府应如何积极引导市场和技术的发展。为此，我们决定深入研究技术与市场、市场与政府的关系，而不仅仅解读合肥的发展模式。对"合肥模式"的分析主要有以下两个方面：一是合肥构建的第三代产业链，我们将其称为"拼图式"或"七巧板式"产业链；二是具有中国特色的政府参与市场方式，如股权直投和基金投资。

1. 第三代产业链搭建构成了地方经济的发展引擎

在这里，首先需要理解一个概念——第三代产业链。为了更好地理解这个概念，我们需要从最早的产业链模式讲起。

首先是第一代产业链，我们可以将称之为"一窝蜂式"产业链。这种模式下，众多企业聚集在同一区域内，生产相同类型的产品。比如安徽省马鞍山市博望区的机床和无为市高沟镇的电缆就属于这类。数十家甚至上百家同类型的企业集中在同一区域，他们的技术水平大致相当，拥有相同的客户群和原材料供应链。这样的产业链在销售和原材料采购上能实现资源共享，从而降低成本和提升销售效率。但是，这种模式的抗风险能力较弱，产业链内的参与者大多处于竞争关系。如果市场出现波动，或某一环节出现问题，就可能影响整个产业链的运转。

其次是第二代产业链，我们称之为"众星捧月式"产业链。这种产业链由一个大型的核心企业和其周边的配套中小企业组成。合肥的汽车总厂和家电巨头及其配套企业就是这种模式的代表。这种形态的产业链与第一代产业链相比，更能抵抗风险。然而，其缺点在于核心企业对配套企业具有绝对的话语权，这种模式下索取大于合作，可能会限制配套企业的创新能力。虽然这种模式提高了产业链的稳定性，但如果核心企业移走，整个产业链可能会立即崩溃，给政府带来巨大的风险。

最后是第三代产业链，我们称之为"拼图式"产业链，又称"七巧板式"产业链。这是一种新型的产业链模式，其特点是像我们儿时玩的七巧板一样，将产业技术的细分领域当作七巧板的方块，拼接在一起，形成一个不断向外延伸的产业网络。例如，合肥的色选机、高速相机、图像处理和视觉芯片企业的布局就是这种模式的典型例子。在这个模式中，各个企业都在自己的领域进行创新发展，而且彼此间的联系紧密，缺一不可。

大约20年前，合肥的色选机行业开始崛起。为了提高筛选精度（带出比），色选机行业开始使用高速相机校准高压喷嘴的角度和滑槽的倾斜角度。这一需求催生了中科君达等几家专业相机企业。然而，色选机对高速相机的需求有其限制，相机制造商为了维持生存必须开拓新的领域。这使得高速相机进入了快递包装、汽车电池和轨道交通检测等行业的应用范围。而为了解决具体的问题，必须在相机的基础上进行图像处理，这又在合肥催生出了大量的图像处理企业。

在不同的场景下，需要不同的相机像素，因此产生了海图微电子等视觉芯片企业。这些高端特色芯片需要与制造厂家紧密合作，因此晶合等制造厂家在平板显示的基础上又增加了一条产品线，避免了过度依赖单一产品而产生的风险。

这类产业链具有强大的创新力，其各环节之间紧密相连。通过采纳开放式的合作模式，能吸引更多的参与者开发新产品。当面临市场波动时，此类产业链能迅速调整其构成和布局，从而展现出卓越的抵御风险能力。"拼图式"产业链并未突出任何核心企业或产品，反映出一种完全去中心化的特点，最大程度地分散了风险，同时具有极高的灵活性。这种产业链从小到大的建设，需借助本地生态链的培育，单纯依赖招商引资无法实现。合肥市政府在此作出了创新性的尝试。接下来，我们按照合肥的拼图逻辑介绍合肥的第三代产业链的搭建过程。

30年前，合肥市交通并不发达，城市建设相对滞后。尽管合肥拥有啤酒厂、自行车厂和机床厂等多种工业门类，但这些企业的实力都相对较弱，有些甚至处于倒闭的边缘。然而，在过去的30年中，合肥市一直在积极拓宽产业领域，借助"七巧版式"的产业布局，逐步构建出具有独特特色的产业链。

(1)合肥落下的第一块"七巧板"是冰箱和洗衣机。

20世纪80年代，中国经历了改革开放的初期阶段，新的经济政策开始在全国范围内实施。为了适应新的经济环境，合肥市也开始尝试新的产业布局。

合肥选择美菱和荣事达作为第一块产业布局的"七巧板"，这并非偶然。在这个时期，白色家电正在成为中国家庭的必需品。美菱和荣事达作为家电生产商巨头，具有强大的市场潜力。合肥市政府充分认识到这一点，并对美菱和荣事达给予了强有力的政策支持。

当时的美菱，正是在合肥市政府的鼎力支持下，成功生产出了当时全国销售最火热的冰箱——美菱181。在全国范围内，人们疯狂抢购美菱181，这也让美菱成为了安徽省第一家上市公司。

另一方面，荣事达洗衣机在全国的销量一度位列第一，"荣事达、时代潮"的口号，更是让合肥市在产业创新的浪尖上傲然独立。

这段历史表明，政府的产业政策和决策，对于城市产业的发展，特别是在新兴产业领域，有着深远的影响。合肥市政府通过正确的政策选择和实施，成功引导了美菱和荣事达在家电市场的崛起，进一步推动了合肥的产业升级和经济发展。

(2)合肥落下的第二块"七巧板"是平板显示产业。

在合肥的产业链中，平板显示产业是其第二块重要的"七巧板"。而这一产业的崛起，将正式开启合肥迈向高科技产业链拼图的时代。

长虹,这个在中国家电产业中有着重要地位的企业,在90年代末期开始进入合肥市场。当时,中国的家电行业正在经历一次重大的洗牌,激烈的市场竞争让很多企业都面临着生存的挑战。长虹,作为一个具有深厚技术积累和品牌影响力的企业,决定走出四川,寻找新的发展机遇。合肥市政府看到了长虹的潜力,通过提供优惠政策和良好的投资环境,成功吸引了长虹进驻合肥。

然而,仅有长虹的加入并不足以让合肥在家电产业中占据优势。此时,家电产业的顶端是彩电,而彩电的关键部件——显示屏,当时的合肥并没有生产能力。这就像一场精彩的足球比赛,如果没有一个优质的球场,那么再好的球员也无法发挥出最佳水平。因此,合肥市政府再次发挥了其在产业布局中的作用,开始寻找可以生产显示屏的企业。

京东方,作为全球较大的液晶面板制造商之一,正是合肥所需的"球场"。2009年,京东方在合肥设立了第六代线生产基地,投资金额高达240亿元。京东方的到来,填补了合肥在显示产业链中的空白,使得合肥的家电产业链得以完善。

长虹在合肥的成功并非偶然,背后支撑是其深厚的技术积累、强大的品牌影响力,以及对市场的敏锐洞察。面对市场竞争的压力,长虹选择走出四川,寻找新的发展机遇。而当合肥市政府伸出橄榄枝时,长虹没有犹豫,迅速抓住了这个机会。

京东方的选择也是出于对市场的深刻理解。作为全球较大的液晶面板制造商之一,京东方能够看到合肥市场的潜力,并进行大规模的投资。这种投资并非盲目,而是基于对产业发展趋势的清晰认识。京东方的投资不仅帮助自己打开了新的市场,也为合肥的家电产业链提供了重要的支持。

(3) 合肥落下的第三块"七巧板"是笔记本电脑产业。

原本,合肥计划利用其显示屏产业推动彩电行业的发展。然而,随着电脑的普及,彩电需求逐渐下滑,笔记本电脑的需求急剧上升。因此,显示屏产业转向笔记本电脑市场变得至关重要。

面对快速变化的市场环境,合肥政府迅速调整了产业布局的策略,通过引入和支持联宝电子,让显示屏成功地在笔记本电脑产业中找到了新的发展机会。在合肥的GDP接近万亿关口之际,联宝电子凭借其强大的产值贡献,成为推动合肥进入"万亿俱乐部"的关键力量。

在这个过程中,合肥政府通过精准的政策导向,引导了产业布局的方向。联宝电子凭借其灵活的市场策略,抓住了产业发展的机会。而市场则通过自身的变化,为企业提供了大量的商业机遇。但是市场的变化和企业的努力才是推动产业发展的最重要的动力。因此,我们在讨论产业布局时,不能仅仅关注政府的作用,而应该把视线扩大到整个产业生态，包括企业和市场。

（4）合肥落下的第四块"七巧板"是芯片。

在笔记本电脑产业成功立足后，合肥开始寻找进一步发展的新机遇。经过仔细的市场分析和政策研究，合肥决定着力发展芯片产业，以进一步巩固和提升其在全国电子信息产业链中的地位。

电脑在电子信息行业的地位与机床在机械行业的地位相同，都是行业的母机。显示、存储芯片是电脑中不可或缺的重要组成部分，合肥又延伸京东方、联宝电子关联产业，投资成立了长鑫、晶合微电子。晶合集成是国内第三大晶圆厂，2023年5月5日安徽迎来有史以来最大规模的首次公开募股（IPO）。

在这个过程中，长鑫和晶合微电子起到了关键的作用。这两家企业是合肥本地的重要芯片制造商，它们凭借在芯片产业中的地位和影响力，对合肥的产业布局具有重要意义。

（5）合肥落下的第五块"七巧板"是人工智能产业。

有了电脑和芯片，发展信息化时代的热门领域——大数据、人工智能就变得顺理成章，人工智能成为合肥市发展的重点。语音技术、图像处理、视觉应用在合肥蓬勃发展，除了合肥美亚、科大讯飞，又引来了商汤科技，推动了合肥人工智能产业的快速发展。

科大讯飞作为全球最大的语音技术提供商，已经在语音识别和语音合成等领域取得了全球领先的技术地位，成为了合肥人工智能产业的重要支柱。而商汤科技在深度学习、计算机视觉等领域也有着重要的技术优势和市场份额，推动着合肥在人工智能领域的技术创新和产业发展。

对于合肥市来说，人工智能产业不仅可以带动相关产业的发展，还可以推动经济结构的升级，提升城市的核心竞争力。为此，合肥市政府积极制定政策，鼓励和支持人工智能企业的发展，如提供资金支持，优化产业环境，推动人才培养等。

（6）合肥落下的第六块"七巧板"是智能汽车产业。

合肥不仅在人工智能和芯片领域有着卓越的成就，还为智能化应用奠定了坚实的技术基础。鉴于合肥已有的汽车产业基础，市政府开始规划智能汽车产业的发展，并成功引入了蔚来、江淮大众和比亚迪等知名汽车公司。目前，与保时捷的战略合作也在积极谈判中。这些企业在智能汽车技术研发、产品创新和市场推广等方面具有丰富的经验和深厚的专业积累，成为支撑合肥智能汽车产业发展的重要力量。

以蔚来为例，它的出现填补了合肥在新能源汽车产业的空白，成为了合肥市智能汽车产业的龙头企业。蔚来在智能电动汽车领域拥有先进的技术,且不断创新新能源汽车的研发和生产,推动了合肥市智能汽车产业的发展。

而江淮大众和比亚迪的加入,也进一步丰富了合肥的智能汽车产业生态。它们在传统汽车制造领域有着丰富的经验和强大的产能,且在新能源汽车领域也有着自己的优势和布局。

智能汽车产业的发展,对于合肥市来说,不仅是产业升级的需要,更是顺应全球智能化、绿色化的大趋势。未来,合肥市将继续鼓励和支持智能汽车产业的发展,加大人才引进和技术研发的投入,推动智能汽车产业健康、快速发展。

(7) 合肥落下的第七块"七巧板"是大健康产业。

大健康产业,以人的全周期健康为核心,涵盖医疗保健、健康管理、生物医药、健康保险、康复养老等多个领域。随着我国人口老龄化加速,消费观念转变以及科技进步等因素的推动,大健康产业迎来了前所未有的发展机遇。

在合肥市,大健康产业发展同样成为了政府和企业关注的焦点。合肥市在医疗设备研发、制造和医药生产等方面已经具有一定的实力,并以此为基础,推动大健康产业的快速发展。

这种发展的策略,一方面体现在政府政策的扶持上,比如增加医疗卫生投入、引导资本投向健康产业、推动科技创新、改善医疗服务等;另一方面也体现在企业自我创新与发展上,比如通过技术创新提升产品和服务的质量,通过市场布局和战略合作进一步扩大市场份额。

中国科学技术大学的高速结构光显微镜、拉曼生物采样分析系统等项目成果,就是适应大健康产业发展趋势的创新技术。它们能够在短时间内获取大量的生物样本数据,为生物医药研发提供强大的技术支持。

通过"七巧版式"产业布局(图5.1),合肥市已经形成多领域产业链,共同构筑了这座城市的发展引擎,推动着这座城市持续发展。

合肥市的产业布局生动地展示了"七巧板式"产业链的独特魅力。家电、平板显示、笔记本电脑、芯片、人工智能、智能汽车、大健康等领域在合肥已经各自形成了健全的产业链。在它们逐步发展的过程中,每个领域都找到了其独特的拼图,将自身与整个产业链无缝地衔接起来。

这一系列的产业发展形成了一个相互关联的网络,各领域就像是一块块七巧板,有机地拼接在一起,构建了一个完整的产业生态系统。每一个新的领域都是在现有产业的基础上进行延伸和发展的,具备创新性和前瞻性。尽管这个过程离不开政府的引导,但一旦产业平台建立起来,就必然产生了自我发展和扩展的动力。

这个步骤需要市场的推动力,政府的引导作用会逐渐降低。

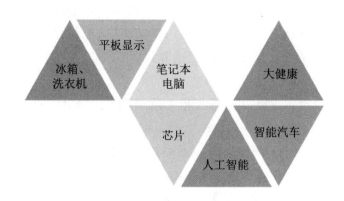

图 5.1　合肥市"七巧板式"产业布局

在合肥的产业布局中,政府发挥了至关重要的角色,但它并未替代市场,而是通过引导和激励来推动市场发展,实现了政府与市场的有机融合。这证明了在现代经济体系中,政府与市场并非对立,而是相互依存、相互促进的关系。合肥的产业布局为我们提供了丰富的思考素材,它展示了一种由政府引导、市场运作,并实现产业相互促进与可持续发展的成功模式,具有极高的借鉴意义。

2. 中国特色的政府城投模式打好了配合战

搭建"七巧板式"产业链并不是一项容易的任务。它不仅需要政府持续不断的产业智慧和坚定的决心,还要考虑经济实体对区域市场的积极参与。仅凭热情而没有实用的策略,往往无法达到预期的效果。为了有效地引入产业链缺位的重大企业,合肥市政府除了制定了一系列的支持政策,更重要的是他们进行了一次重大的转变——城市投资平台向产业投资主体进行了转型。

以政府出资支持企业发展的操作并非中国特色,全球众多国家和地区的政府也使用相似的手段来刺激本地企业和产业的发展。以美国为例,其小企业投资公司(SBIC)就是美国小企业管理局(SBA)支持的公私合营投资公司,该公司提供低息贷款给私人投资公司,后者便会结合自身资金共同对小企业进行投资。不难看出,这种模式是以债权形式资助企业,这是由于在西方国家,像中国这样由政府成立城投平台以股权直投或基金投资的方式可能会被认为构成了政府对市场的过度干预。

然而,有所不同的是,我国各级政府设立的城市投资平台,通常是为了实现科技创新、产业升级以及区域经济发展等目标的市场化运作。投资模式常采用股权直投或基金投资等方式参与。这种模式在实践中已经显现出明显的效果,有着鲜明的中国特色。与此不同,西方国家的政府在推动企业创新方面,通常更偏向于使用激励政策或税收优惠。

实质上,我国政府通过股权投资和基金投资方式参与的并不是直接的市场竞争,而是一个复杂的过程。政府的这些投资往往是战略性的,目标是推动科技创新、产业升级、区域经济发展等。政府并不直接参与市场的竞争,而是通过这些投资平台或基金来推动市场的发展。

为了更有效地运用资本,我国政府的一种常见策略是建立城市投资公司,也称为城投公司或地方政府融资平台。政府成立城投公司有四个方面的好处:

一是便于资金运作。政府的运作方式相对繁琐、限制多,不适合进行快速、灵活的金融操作。城投公司作为一种市场化的机构,可以更加有效地利用市场资源,进行融资。

二是利于风险分散。城投公司可以作为政府的"缓冲区",在一定程度上隔离政府和市场之间的风险,从而保护政府的财政稳定。

三是提高效率。政府部门的决策和运作效率相比市场化机构通常要低一些。而城投公司作为企业,能够提高决策效率,保证项目的顺利实施。

四是优化资源配置。政府可能没有足够的专业知识和经验来进行大规模的项目管理和融资,而城投公司可以聘请专业的管理团队,通过市场化的运作方式,优化资源配置。

合肥拥有两家市级城投公司,分别为合肥市建设投资控股(集团)有限公司(简称合肥建投)和合肥市工业投资控股有限公司,合肥建投通过直接股权投资和基金投资等方式推动了诸如京东方、蔚来汽车等大项目落地,促进了当地产业集群的形成。

2008年,针对京东方第6代生产线的投资计划,合肥市政府在土地、贷款贴息等方面给予了极为优惠的条件。隔年,京东方计划在合肥再投资90亿元,合肥城投平台直接出资30亿元,带动其他社会资本,完成了对京东方的投资。2015年,合肥又与京东方共同建立了合肥京东方显示技术有限公司,投资额为400亿元,用于建设第10.5代线。合肥建投子公司合肥芯屏产业投资基金(有限合伙)现持有合肥京东方显示技术有限公司63.33%的股权。

在与蔚来汽车的合作中,合肥建投平台也表现出非凡的魄力。合肥建投通过旗下的合肥建恒新能源汽车投资基金合伙企业(有限合伙)直接出资,推动了蔚来汽车的落地与发展。

通过一系列的举措，我们可以清晰地看到合肥建投在城市投资平台方面与传统的城投公司存在一定的差异。尽管在基础建设、公共事业等领域仍有一定的投资，但合肥建投的职能似乎正悄然转变为一个产业投资主体。合肥市政府巧妙利用这一平台，成功实现了战略布局中重大项目的落地计划，同时积极推动第三代产业链的建设与完善。

合肥市通过第三代产业链的布局，使产业链具备内生发展的动力，随着其步入正轨，政府的介入逐渐减弱。在第三代产业链的构建过程中，引入龙头板块往往是必要的，以实现"七巧板式"产业链的搭建。合肥市政府通过城市投资平台的配合，引进大型企业，形成了一个完整的产业拼图。这一系列的举措构建出合肥现有的产业链。

四、技术离不开政府

合肥已经成功地构建了第三代产业链，这个改革超越了政府传统的仅仅引进大型企业的做法。借鉴"七巧板式"产业链的去中心化思路，合肥允许创新实体在各自的领域内专注发展，受市场需求的驱动，不断向外延伸，从而形成了一种结构独特的、具有自我增长能力的产业生态系统。这是政府智慧的体现。那么，如果政府不在这些领域进行积极努力，市场又将会怎样呢？

政府与市场的关系确实应当被看作是一种协同和相互补充的关系，而不是互斥的关系。政府的介入和引导能够有助于修正市场失灵，激发产业链的活力，推动科技创新。在当今世界的经济格局中，市场机制的作用日益明显，然而政府对市场的引导作用也不容忽视。我们可以从合肥市的成功经验中，观察到政府的参与对市场活力的激发和创新力量的催生起到了至关重要的作用。

合肥市的"七巧板式"产业链模式就是一个典型例证。这个模式以市场为基础，政府为引导，以科技创新为动力，构建了一个生态链式的产业布局，形成了一个活力四射、创新驱动的产业结构。然而，这个结构的形成并非一蹴而就，它是在政府的积极引导下，通过持续的创新和优化，逐步形成的。

若没有政府的指导和推动，地区产业链中的关键环节可能出现缺失，同时本土技术创新也会因缺乏持续的动力和可预见性而发展缓慢。这种情况下,可能会导致创新要素的匮乏,创新氛围萎靡,导致区域内的行业长期陷入内卷状态。由于创新的匮乏,技术的进步受限,从而影响了整个行业的发展。然而,政府的干预和引导可以改变这一现状,使市场有可能打破这种僵局,激发创新活力,从而推动技术的进步和行业的发展。

在合肥市的例子中,我们可以看到政府对科技创新的引导作用。政府在产业链的组织和资源调配上,创造了有利于创新的环境。这种创新的氛围不仅刺激了科学研究和技术发展,而且为市场注入了新的活力,使得市场能够在政府的引导下,找到了突破技术周期性规律的新路径。

在现代经济体系中,政府和市场并非二元对立,而是相互依赖、相互促进的。政府的作用在于提供方向,引导发展,修正市场失灵;市场的作用在于通过竞争推动创新,提高效率,实现资源的优化配置。只有政府和市场充分发挥各自的作用,才能形成一个健康、稳定且持续发展的经济环境,从而推动社会的整体进步。

从宏观的视角看,政府在科技创新方面的作用不仅仅体现在一国之内,更体现在全球范围内。如果一个国家的政府不能引领科技创新,这个国家将在全球科技竞赛中失去竞争力。合肥市的发展正是证明了政府在推动科技创新方面的重要作用。如上所述,政府不仅在本国范围内引导了科技创新,而且在全球范围内积极引领科技的发展和应用,使得这个城市在全球科技创新的浪潮中独树一帜。

如果一个国家的政府不能或不愿引领科技创新,那么这个国家在全球科技创新的舞台上就可能处于下风。在这种情况下,即使市场力量再强大,也很难填补政府的空缺。因此,我们可以看到,无论是在国内还是在全球范围内,政府都是推动科技创新的重要力量。

当我们将视角扩大到全球范围,政府的作用就更加突出了。如果多个国家的政府都不能引领科技创新,那么全球的科技进步就可能会遭遇停滞。这种科技大停滞不仅会阻碍经济的发展,更会对人类社会的进步带来巨大的影响。

在科技创新的过程中,政府的作用不容忽视。无论是在国内还是在全球范围内,政府都是推动科技创新的重要力量。只有政府和市场充分发挥各自的作用,才能实现科技的持续创新,推动社会的不断进步。

我们在前面的讨论中得知,在市场经济中,政府的角色是无可替代的,任何利益集团无法替代政府的角色在宏观层面布局产业,调配资源,调整结构,引导创新。

但是,我们必须认识到,无论是政策实施还是技术应用,都可能在特定的历史阶段有过成功或者失败的经历。这些都是我们向前发展的必经之路,关键在于我们如何从这些经历中吸取教训，不断调整和改进，以实现更好的社会效益。对于技术的应用，我们需要谨慎对待。面对技术评估的专业性、市场信息的不对称性以及领导者的能力差异等挑战，政府持续地引导市场并推动产业升级，无疑承受着巨大压力。因此，对政府执行效率和决策精度的提升显得尤为关键。在这种情况下，智慧政务提供了一条有效的解决途径。

智慧政务是实现政府智慧化的重要手段，主要通过先进的科技工具，如大数据和人工智能，帮助政府获取和理解更深入、更精确的市场信息，以便作出更科学、更合理的决策。这样不仅能够提升政策的执行效率，还能进一步激活市场活力，刺激社会创新。智慧政务离不开大数据、人工智能、云计算等前沿技术的支持。这些尖端技术为智慧政务提供了数据采集、处理、分析和应用的可能性，成为推动智慧政务发展的核心驱动力。

然而，智慧政务面临的困难同样明显。大规模的数据处理和分析需要极强的算力，而目前许多地方的信息化基础设施可能无法满足这样的需求。

在这种背景下，我们看到算力中心的重要性。随着数据和计算的需求不断增长，算力中心的建设变得越来越重要。我国近年来在全国范围内大力推进算力中心的建设，这一举措为智慧政务的发展提供了强大的算力支持。算力中心不仅可以满足大数据处理和分析的需求，还可以提供人工智能学习和模型训练的强大算力。这种强大的算力为智慧政务提供了重要的基础设施支持，帮助政府更好地采集、分析和应用大数据，从而提升政府决策和执行的效率和精度。

同时，我国政府提出的"数字中国"战略进一步推动了智慧政务的发展。这一战略强调了数据和数字技术在国家治理中的重要作用，推动政府在各个层面和领域采用数字技术和大数据进行决策和管理。这种数字化的政府管理方式不仅提高了政府工作效率，也增强了政府与公众的互动，提高了公共服务的质量和效果。

因此，可以预见，未来的智慧政府将会与大数据紧密相关。大数据将为智慧政府提供必要的技术支撑，帮助政府更好地理解和响应市场动态，从而作出更科学、更合理的决策。

总的来说，我们需要尊重科技的发展规律，关注科技对社会的影响，充分发挥政府在调控技术发展中的重要作用，使科技成为推动社会进步的强大动力。在未来，我们期待看到智慧政府更好、更快地推动社会的进步。

第六部分
行业洞见

在本书最后一部分开始之前，我们有必要先解释一个问题。

技术来源于科学，服务于经济是技术的第一性原理。而经济通常通过市场活动来表现。探讨技术的本质，我们了解了不同行业的增速不同是源于受自然资源依赖程度不同，并给出了行业成本非自然依赖部分高的行业增长速度快的观察结果。这并不代表我们对任何行业市场有主观倾向。事实上，市场"边界"并不是设定的，而是根据新的技术、新的商业模式和新的消费者需求不断改变和扩展的。

在技术革新和商业模式设计的初期，市场边界确实可能是模糊的，我们无法准确预见其最终的市场影响和应用范围。但是，一旦我们有了具体的商业模式，我们就可以清楚地看到市场的边界，也可以更有针对性地开发和应用新技术。然而，这个边界仍然是相对的，因为随着技术和社会的进步，新的商业模式和市场可能会出现，原有的边界会再次改变或扩展。这一现象正如"薛定谔的猫"。在量子物理学中，"薛定谔的猫"是一个思想实验，描述的是一个猫在没有被观察的情况下处于"既活着又死了"的超自然状态。在我们只有科学发现或新技术还没有应用市场的时候，由于没有具体商业模式去观察和定义，此时的市场边界也处于一种"有边界和无边界"并存的状态。当一个具体技术和商业模式被定义时，一个新的市场边界就跃然眼前。

正因如此，当我们讨论技术的本质规律时，并不是为了设定或影响某个特定行业的发展方向，也不是为了预设或定义行业的市场边界。恰恰相反，我们试图通过揭示技术本质的规律，让读者能更清楚地认知行业发展因素，通过自身的战略谋划，提升自身生存力和行业竞争力。通过理解这些规律，帮助我们更好地理解和预测市场的发展方向，找到新的机会和创新的可能性。

一、行业周期不容忽视

1. 周期性影响

行业周期性是一种客观的、普遍存在的规律，无论哪个行业，都会经历起伏跃迁、快速增长以及内卷竞争等阶段。每个阶段都有市场机会。比如，当行业处于跃迁阶段,需要少数先觉者进入,探索和尝试新的技术和商业模式,不断进行产品和服务的创新。当发展到增长阶段,市场往往在极短的时间内涌现大量的参与者,组织扩张、产品线延伸需要企业快速行动,风口效应形成。当在市场增长放缓,竞争加剧的环境下,表明行业进入内卷。在这个阶段,从理论上而言,是行业长期存在的阶段,除非市场迅速出现破局技术。

在面临内卷的阶段时,创新性的破局技术成为寻求突破的关键。破局不仅仅是在技术上寻找创新,更深层次的影响是,它可能彻底颠覆一个行业,甚至推动一个新行业的兴起。比如机械表已经把机械的精密化做到极致,每天的误差仍在分钟级别。随着电子技术的发展,日本人将其应用到手表行业,推出了走时精准的石英表,大大削减了机械表的市场份额。同样的事情也发生在芯片和人工智能技术成熟后,智能穿戴手表抢占市场份额的例子上。破局也有可能完全摧毁一个行业,例如,实体音乐媒介(如CD、MP3)被互联网流媒体音乐取代。这些都是破局式的创新,对原有行业造成冲击,同时催生了新的行业。

破局通常出现在行业生命周期的尾端,它表现为激烈的易感需求,揭示着行业主动需求突破的迹象。这实际上是市场参与者对行业发展态势的具体应对。然而,这种主动转变往往出现在形势所迫之下,许多人可能会错过把握市场机会的关键时刻。要注意的是,整个行业的生命周期,从早期的跃迁,到增长,再到漫长的内卷竞争,每个阶段的过渡都需要时间的积累和推动,而在这个过程中的微妙变化往往容易被忽视。如在内卷阶段,许多行业从业者可能会陷入短视的竞争,无暇顾及更长远的发展。

理解并遵循行业周期的规律,无论对避免无效的竞争,还是对寻找正确的创新方向,都是至关重要的。忽视这一规律可能会导致行业内的参与者被竞争所困,陷入无法自拔的困境。因此,深入理解行业周期并据此制定适应的战略,对于行业参与者来说,既是一种智慧,也是生存和发展的必要条件。

实际上,在行业的发展过程中,科学的新发现并不会立即在市场上产生直接效应。这是因为基于新的科学发现的技术需要经过研发、试验和市场的接受过程,才能在行业的增长中显现其价值。这一现象给行业从业者、投资者和决策者留下了充足的想象空间。尤其是当新科学发现所带来的技术因为缺乏配套的商业模式而使其目标市场和市场边界尚处在模糊不清的状态时,这种想象空间显得尤为重要。

科学发现一般会催生一个或多个全新的行业,比如牛顿的三大运动定律为我们理解物体运动提供了理论基础,这促进了机械制造业的出现和发展;欧姆定律、法拉第的电磁感应定律和麦克斯韦的电磁场方程等理论,为电子设备的设计和制造提供了理论基础;冯·诺依曼体系结构的设计使得计算机程序能够以数据的形式存储,从而催生了软件工程和编程语言的发展。但这些理论的出现需要经过时间的积淀,才能延伸出技术的持续创新,如基于牛顿力学的蒸汽机的发明催生了工业革命,推动了制造业的快速发展;半导体材料的发现,如硅和锗,使得微型化和集成化的电子设备成为可能,催生了电子信息技术的飞速发展;数据结构和算法的理论发展,以及操作系统和编程语言的创新,都进一步推动了软件行业的崛起。

在技术发展过程中,随着规模化的应用和推广,技术会逐渐表现出普及化的趋势,随着技术的成熟,使用成本也变得越来越低,行业慢慢进入内卷阶段。

本书依据人类文明发展历史,选择了农业、机械、电子、人工智能等行业进行分析,然而实际的市场情况拥有众多行业,有些还是行业交叉衍生出来的,如农业机械化相关行业、机电一体化相关行业、电子智能化相关行业。但是,无论哪种行业,都会表现出这样的周期性规律。内卷战场的厮杀,必然会淘汰部分企业,这种淘汰不仅仅局限于中小企业,很多大型龙头企业也会退出历史舞台。在内卷阶段,诸如专利导航等技术策略、寻求外部合作等商业策略都会被应用,摆脱红海、开辟蓝海成为企业家追寻的目标。

2. 周期性识别

了解了周期性影响之后,识别周期性阶段成为关键问题。然而,这却是最难通过固定方法实现的目标。但是,通过观察发现,有些比较容易实现的方法可以基本判断出行业所处周期阶段。

（1）跃迁期识别。

跃迁期是行业发展的初始阶段,主要是新技术、新模式或新需求的出现引发了行业的变革或形成。在这个阶段,行业内的产品和服务还未完全成形,市场规模相对较小,竞争还不激烈,但具有巨大的增长潜力。以下是一些明显的跃迁期信号:

① 技术创新。一种新的技术被发明或者已有技术的重大突破,这些都可以触发行业的跃迁。可以通过技术动态进行观察,比如某一领域专利数量和论文数量大幅增加。虽然说写论文有可能是高校院所进行的基础研究,且不一定会在短期内转化为应用技术,或者驱动行业进入跃迁期,但是基础研究的增加往往是技术创新和行业跃迁的预兆,它能为行业的发展提供理论基础和创新思路。在此基础上,我们可以进一步结合新技术的成功案例来判断,如果一个集中研究的基础领域衍生出相应的技术已经有成功的市场应用案例,且市场需求明显,那么一个新的行业跃迁期基本可以到来。

②集中的政策驱动。政策驱动是指政府通过政策调整或推出新政策来影响和驱动行业的发展。这通常发生在政府认识到某个新的科技或行业有助于社会经济发展、解决某种社会问题或符合国家战略需要的时候。例如，如果政府认为可再生能源是未来的发展方向，那么他们可能会推出各种政策来鼓励可再生能源技术的研发和应用，这就可能引发可再生能源行业的跃迁。这些政策可能包括直接的财政补贴、税收优惠、低息贷款等经济激励，也可能包括设定行业标准、设定采购标准、改变市场准入条件等市场规则，甚至可能包括引导公众舆论、改变消费者行为等软性手段。

政策驱动不仅可以促使行业的跃迁，还可以大大加速这个过程。政府的力量可以引导大量的资源流向新的行业，为其发展提供强大的推动力。同时，政策的确定性和持续性也可以降低企业和投资者的投资风险，使他们更愿意投入到新的行业中。

③初创企业的快速崛起。初创企业的快速崛起，无疑是行业跃迁期的一大标志。在这个阶段，一些富有创新精神的企业可能会运用新的技术或独特的商业模式，突破传统行业的约束，获得快速发展。这些初创企业往往是行业跃迁期的领导者和驱动力，他们的成功可能会吸引更多的企业和资本进入行业，推动行业的发展和变革。

初创企业的快速崛起通常有两个主要的驱动因素。首先是技术创新。许多初创企业是基于新的技术突破成立的，他们可能会开发新的产品或服务，或者改进现有的业务流程，以此赢得市场份额。例如，互联网的发展催生了众多新的商业模式，如电子商务、社交媒体等，这些都是由初创企业推动的。其次是市场需求。如果行业的传统供应商无法满足市场的新需求，或者市场出现新的需求点，那么可能会有初创企业来填补这个市场空白。他们可能会提供更好的产品或服务，或者以更低的价格或更高效的方式提供同样的产品或服务，从而吸引顾客。

（2）成长期识别。

行业的成长期标志着市场需求的快速增长和竞争的加剧。此阶段中，企业需通过提升产品质量、降低成本和提升效率以取得竞争优势。市场主体数量激增，投资集中放大。在这个阶段，市场通常会出现分化。一些企业可能会选择专注于某个细分市场，提供特定的产品或服务；而另一些企业可能会选择进行多元化经营，试图覆盖更多的市场。此阶段的判断标准有以下几点：

①新市场主体注册数激增。在行业增长期，市场的需求迅速增长，市场规模扩大，吸引了大量新的市场主体进入。这个时候，可以通过观察企业注册数量的变

化来判断行业是否处于增长期。如果发现新的市场主体在短时间内快速增加，可能就意味着行业正在经历快速增长。

② 专利数量激增。在行业跃迁期，虽然专利集中在某个领域申请数量在增加，但由于市场初期的参与者较少，这种增速只是个趋势，绝对数值不足以惊人。但随着行业进入增长期，大量参与者涌现，新技术、新产品的出现使得相关的专利申请数量激增。如果一个行业的相关专利申请数量在持续增加，特别是数量的增长速度超过了其他相关行业，那么这通常意味着该行业的技术创新进程正在加速。

③ 研发投入快速增加。在增长期，企业为了保持竞争优势，往往会大幅度增加研发投入，以推出新的产品或者改进现有产品，满足市场的不断变化的需求。因此，如果观察到行业内的研发投入快速增加，也可能意味着行业进入了增长期。

（3）内卷期识别。

内卷期，或者说饱和期，是行业生命周期中的一个阶段。这个阶段的特征是市场增长放缓、竞争激烈、技术创新步伐减慢、企业利润率下降，甚至可能会有一些企业破产。

① 市场主体开始跨界发展。当我们发现市场主体开始在主营业务范围内新增不同业务时，这可能是一个强烈的信号，即该市场主体开始跨界发展。例如，一家专门生产电子产品的企业，如果开始将其经营范围延伸至软件开发领域，或者开始尝试其他并非其主要业务领域的业务，那么这可能暗示该行业已经开始进入内卷期。此时，原本狭窄的竞争领域无法支撑企业的发展，企业需要寻求新的增长点，以免被激烈的竞争淘汰出局。甚至有些市场主体完全实现跨界，试图通过多元化的经营方式提高其市场竞争力。如果大量市场主体开始跨界发展，这可能暗示着原有市场已经无法满足他们的发展需求，他们正在寻找新的市场空间来避免过度竞争。

② 低价竞争。内卷期的另一个典型信号是企业之间激烈的价格战。在市场饱和、竞争激烈的环境下，企业为了争夺更多的市场份额，往往会通过降低价格来吸引消费者。然而，长期的价格战可能导致企业利润空间被挤压，进一步加剧行业的内卷。

③ 行业产品增加不必要的功能。在内卷期，企业往往会在产品上增加一些看似"高级"但实际上并不必要的功能来吸引消费者。这种情况通常发生在产品差异化程度低的行业，企业为了在众多相似产品中脱颖而出，可能会增加一些"花哨"但实际上并无实际使用价值的功能。比如，智能手机通过追求过高的像素，配置具有特殊滤镜效果的前置和后置摄像头等行为，这些功能在特定场景下可能有用，但对

于大部分日常用户来说,其实际使用价值并不高,甚至有时候会被视为是制造商为了增加"卖点"而搞的噱头。这种在产品上添加看似"高级"但实际上并不必要的功能的行为,很可能是一个行业进入内卷期的信号。具体见表6.1。

表6.1　各阶段行业周期的表现

发展阶段	信　号　1	信　号　2	信　号　3
行业跃迁期	专利、论文在一个领域快速增加	集中的政策驱动	初创企业快速崛起
行业增长期	市场注册主体数激增	专利数量激增	研发投入快速增加
行业内卷期	市场主体开始跨界发展	低价竞争	行业产品增加不必要的功能

注:信号1不足以单独证明周期到来,应与其他信号组合判断。信号符合数越多,表征性越强。

二、从生产要素视角看行业

前文已经从宏观角度探讨了行业周期的影响和如何判断行业周期,然而,针对特定的行业,需要对其进行更具体、更深入的观察和分析。前文以人类文明发展的历史顺序为线索,列举了农业、机械、电子、人工智能(以及更广泛的软件行业)等行业的发展,并分析了它们对自然资源的不同依赖程度,以此揭示各行业发展背后的本质问题。接下来,我们将尝试通过综合观察,寻找和识别行业发展的一般规律。

1. 观察一:不同行业的本质功能

(1)农业。当我们参观稻田时,可以看到农民通过种子选择、灌溉和施肥等技术来优化作物的生长,而种子是本身就存在的,农民通过技术手段使得作物产量和质量得到提升。农业本质上是驯化和改良,通过驯化、改良自然资源以满足人类的需求,是人类对自然环境的一种改造和优化。其本身并没有改变资源的形态,也没有创造新的物种。只是提高了食物生产的效率,保证了食物供应的稳定。

(2)机械。在汽车的生产制造过程中,我们可以看到从冶炼钢铁,到切割和塑形,再到组装和涂装,机械行业如何将自然资源转化为实用的产品。机械行业的核心是利用自然界的资源,尤其是金属矿石,通过冶炼加工,改变其形状和性质,制造出人类可以利用的工具和设备。机械行业的发展同时也极大地提高了生产效率,使得大规模生产和现代工业社会的发展成为可能。

（3）电子。在电子制造厂中,我们可以看到工人们使用精密的设备来制造电路板,这些电路板将用于电脑、手机和其他电子设备。在这里,我们可以看到电子行业如何从无到有创造出全新的产品和技术。电子行业的作用在于创新和发明。它创造了自然界中原本不存在的产品和技术,如电话、电脑、网络等。这些新产品和新技术极大地提高了信息传输的效率,改变了人类的交流和生活方式。

（4）人工智能（以及更广泛的软件行业）。在参观软件开发公司时,我们可以看到程序员们正在编写复杂的代码,用于控制和优化电子设备的运行。他们利用人工智能技术,让机器学习如何完成复杂的任务,比如语音识别、图像分析等。人工智能（以及更广泛的软件行业）的任务是优化和提升电子产品的性能。它们能帮助人类解决复杂问题,自动化繁重的任务,提供全新的服务,比如数据分析和虚拟助手等。此外,人工智能的发展还在模拟人类思维、解决复杂问题和提供决策支持等方面发挥了重要作用。

2. 观察二：不同行业依赖的核心生产要素不同

生产要素是决定行业发展基础的关键因素,涵盖众多领域,如设备、材料、技术、劳动力、资金等。如果你对某个行业的基本特性缺乏深入理解,你或许能知道行业内的企业需要哪些生产要素,但可能难以识别出属于不同行业的企业最核心的生产要素是什么,因此难以确定生产要素组合的权重。

传统机械行业是通过改变资源形态,结构设计依靠人工知识和经验,但改变形态依靠设备和厂房。也就是说,企业需要有足够的固定资产来实现改变的功能和效果。因此,固定资产的投入在很大程度上决定了传统机械行业的发展潜力。此外,由于机械结构技术是显性的,容易被模仿,因此机械行业代工并不普遍,机械行业最核心的生产要素其实是固定资产。没有足够先进的设备,就无法创造出高质量的机械产品。

我们以固定资产原值与年度净利润的比值（数据来源为2022年我国上市公司年报）为参数,对国内4817家上市公司分行业进行总数比对分析。通过观察分析发现,机械行业712家企业（含机械设备与汽车制造,不含汽车服务）得出的总数比值为1012.89%,电子行业383家企业（不含电子化学品）得出的总数比值为

626.79％,计算机软件开发行业122家企业得出的总数比值为18.84％。详见表6.2。

表6.2　2022年我国上市公司固定资产原值与年度净利润比值

行　业	固定资产原值/净利润	公司数量(家)
机械	1012.89％	712
电子	626.79％	383
软件开发	18.84％	122

注:机械行业含机械设备与汽车,不含汽车服务。电子行业不含电子化学品。

由上表明显看出,不同行业的比值差别巨大。如果把一年赚1元钱当作目标,机械行业需要投入的固定资产约为1013元,电子行业则需要投入627元,而软件行业只需要投不到0.2元。其中,电子行业还有个特殊现象,就是在几个细分的二级行业领域内,以中芯国际为代表的半导体行业固定资产总额就达到4298.23亿元,占电子行业总固定资产数额(12503.48亿元)的34.37％,而其余4个行业合计占据65.63％。考虑到这个因素,电子行业大部分领域对固定资产的依赖性并没有那么重。想实现一年赚取1元的目标,固定资产投资将远小于627元。

电子行业的核心目标在于创造全新的产品和技术,以实现人类在自然界中原本无法获得的功能和体验。为了实现这些创新,电子行业依赖于两个关键元素:一是具备深厚专业知识和创新思维的人才,他们是行业创新的原动力;二是大量的实验研发活动,它们贯穿于产品的全生命周期,从理论设计到实物验证。

在电子行业中,所有产品设计和制造都必须严格遵守基础物理规则,如基尔霍夫定律,即在一个闭合电路中,电势的升高和下降总和等于零。这种物理法则的存在带来了一个有趣的现象:虽然电子行业同样需要大量的人力投入,但相对于软件行业那种无边界的创新空间,电子行业的人才成本是可预测和可控的。这是因为在一个遵循物理规则的框架内,人才的创新空间和可能性有一定的限制。

与此同时,电子行业的实验活动会消耗大量的材料,如二极管、电容器、电阻等。这一方面是由于电子产品的设计和研发过程需要通过实验验证理论设计的正确性,另一方面也是因为产品的质量和性能需要通过实验进行持续优化。因此,大规模的研发投入是电子行业能否成功的关键因素之一。

电子行业的核心竞争力在于其持续的技术创新和产品创新,而这正是通过大规模研发投入才能实现的。这一点在全球电子行业巨头(如苹果、三星、华为)的成功之路上得到了充分验证。这些公司的成功,很大程度上来自于他们在研发上的巨额投入和持续创新。所以,如果要评估一个电子行业公司的竞争力和未来发展潜力,其研发投入规模和效率是一个非常重要的考查因素。我们通过对全国上市公司的472家机械设备公司、231家汽车行业公司、380家电子行业公司以及121家软件开发公司进行数据统计分析(数据来源于2022年我国上市公司的年报),得出以下分析结果(表6.3)。

表6.3 2022年我国上市公司研发费用与销售费用占比情况

行　业	研发费用/销售收入	公司数量(家)
机械设备	7%	472
汽车	5%	231
电子	10%	380
软件开发	21%	121

注:研发费用/销售收入是通过各行业企业公布数据进行的平均值测算。

从上表中不难看出,电子行业研发费占销售收入比例明显高于机械设备与汽车行业,却低于软件开发行业,但这并不代表软件开发行业核心要素是研发投入。我们将从行业研发费要素构成角度对人工智能行业核心生产要素进行深入分析。

相比于机械和电子行业,人工智能行业,或者说软件行业的发展更依赖于高端人才。虽然人工智能行业同样注重创新,研发投入巨大,但这个比值更多意义上是消耗在人才的引进和使用上。这一点,从软件行业研发费要素构成就能看出其与机械、电子等其他行业的不同,软件行业研发费几乎没有直接投入(在我国,直接投入含消耗的材料、燃料动力,用于中间试验和产品试制的模具、工艺装备开发及制造费等内容),这是因为软件算法主要依赖人的智慧,而非任何自然资源,外部依赖最多的只是硬件设施提供运行环境。它的试验迭代只是参数的调整优化,并不像机械、电子行业那样会因为实验消耗具体的材料和产生购买支出,也不会产生试制的制造费用等。表6.4~表6.6为各行业研发费用项目辅助账表。

表6.4 某机械设备公司研发项目辅助账表

某机械制造公司　　　　　　　　　　　　　　　　　　　　　　　　　　　　　　　　　　单位:人民币元

项目号及名称　RD21:某机械设备产品研究　2021.04.10-2021.11.15

日期			凭证号	摘要	人员人工	直接投入	折旧费用与长期费用摊销	设计费	设备调试费	无形资产摊销	委托外部研究开发费用	其他费用	小计	备注
年	月	日												
2021	11	15				301,878.15								
2021	11	30	记-121	研发领料		301,878.47	-				-		301,878.47	
2021	11	28	记-133	研发人员工资	24,592.11	-	-				-		24,592.11	
2021	11	30	记-133	研发人员餐费补贴	-	-	-					536.66	536.66	
2021	11	15	记-135	研发人员社保费用	2,011.25	-	-				-		2,011.25	
2021	11	26	记-174	研发领料		4,424.78							4,424.78	
				本月合计	26,603.36	376,659.10	8,317.70	-	-	-		536.66	412,116.82	
				本年累计	197,135.50	1,861,008.05	116,062.00	-	-	-		4,325.81	2,178,531.36	

注:出于保密考虑,我们对部分信息进行了隐藏处理。

表6.5　某电子公司研发项目辅助账表

某电子上市公司　　　　　　　　　　　　　　　　　　　　　　　　　　　　　　　单位：人民币元

项目号及名称				RD16：某某电子产品设计项目 2019.03.07-2019.12.25		折旧费用与长期费用摊销	设计费	设备调试费	无形资产摊销	委托外部研究开发费用	其他费用	小计	备注
年	月	日	凭证号	摘要	人员人工	直接投入							
				本月合计	4,900.00	19,859.46	—	—	—	—	281.94	25,041.40	
				累计	93,340.12	44,083.64	39,904.38	—	—	—	5,833.74	183,161.88	
2019	10	8	20	电费		1,852.25						1,852.25	
				累计	173,706.04	251,760.94	39,904.38	—	—	—	6,115.70	471,487.06	
				合计	173,706.04	251,760.94	39,904.38	—	—	—	6,115.70	471,487.06	

注：出于保密考虑，我们对部分信息进行了隐藏处理。

表6.6　某软件算法公司研发项目辅助账表

某软件算法公司　　　　　　　　　　　　　　　　　　　　　　　　　　　　　　　单位：人民币元

项目号及名称				RD21：某智能系统立项报告			折旧费用与长期费用摊销	设计费	设备调试费	无形资产摊销	委托外部研究开发费用	其他费用	小计	备注
年	月	日	凭证号	摘要	人员人工	直接投入								
2022	12	31	记-记-10	研发人员公积金	4,175.00								4,175.00	
2022	12	31	记-记-11	研发设备资产折旧			1,945.14						1,945.14	
2022	12	31	记-记-12	研发人员工资	122,001.59								122,001.59	
2022	12	31	记-记-13	研发人员工资	394,499.53								394,499.53	
				本月合计	564,870.63	—	1,945.14	—	—	—	—		566,815.77	
				累计	1,516,351.55	—	5,187.03	—	—	—	—		1,131,409.04	
				2022年项目累计投入	1,516,351.55	—	5,187.03	—	—	—	—		1,521,538.58	

注：出于保密考虑，我们对部分信息进行了隐藏处理。

从上述三个行业的企业研发费要素构成不难看出，软件行业将大量资金花费在了人员支出上，而机械和电子行业除去人员支出，其他要素组成科目占据了研发费总支出的大头。

为了进一步佐证人工智能行业人才的重要性，我们针对上市公司进行采样分析。通过对465家机械设备公司、230家汽车行业公司、376家电子行业公司、118家软件开发公司进行统计分析（数据来源于2022年我国上市公司公开的年报），分析结果如表6.7所示。

表6.7　2022年我国上市公司高级人才数在研发人数、企业数中的占比

行　业	高级人才数/研发人数	高级人才数/企业数	统计企业数（家）
机械设备	11%	103	465
汽车	7%	211	230
电子	15%	134	376
软件开发	13%	180	118

注：高级人才指硕士研究生学历（含）以上人才。高级人才数/研发人数是指行业高级人才总数除以研发人员总数的企业平均值。高级人才数/企业数指的是行业高级人才总数/行业企业总数。

表6.7反映出，汽车与软件开发行业的企业均摊高级人才数相对较高，分别为汽车行业211人、软件开发180人。但综合汽车行业高级人才数/研发人数的数据（7%）来看，仅相当于软件开发行业的一半左右。同理，虽然电子行业的高级人才

数/研发人数比值高于软件开发行业2个百分点,但企业均摊高级人才数却只相当于软件开发行业的74%。综合来看,软件开发行业高级人才的依赖性最高。

通过以上观察结果不难看出,每个行业都存在其独特的核心生产要素:机械行业重视固定资产,电子行业关注研发投入,而人工智能和软件行业则强调人才的重要性。理解并应用这些关键要素对各方利益相关者而言,即无论是投资者、企业管理者还是政策制定者,都具有重要的实践价值。

在此,我们希望,通过对各行业主要生产要素的深入探讨,投资者能更清楚地识别出各企业的核心竞争力,理解公司对主要生产要素的把控和运用程度。也希望本书的研究可以为企业管理者提供了一种独特的思维方式,他们能够通过这个角度更好地理解自身行业的发展驱动力,从而制定更精确的战略规划和投入决策。

对政策制定者而言,我们希望所做的观察和分析有助于他们更深入地理解行业的发展动态,以便更准确地制定产业政策。例如,对于人工智能和软件行业,政策制定者需要制定出更好的人才吸引和培养策略,以确保行业的持续健康发展;对于电子行业,政策制定者需要在政策层面上鼓励研发投入,以推动行业的技术创新;对于机械行业,政策制定者需要关注固定资产投入的政策环境,以助推该行业的稳健发展。

从生产要素的视角去理解,我们可以更透彻地把握行业的发展规律,从而在激烈的市场竞争中抢占先机。在实战中,企业需要根据自身所处的行业特性和发展阶段,有针对性地识别并投入管理自己的核心生产要素。同时,企业也应保持对其他生产要素的平衡,以确保自身的整体竞争力。

总之,通过对三个行业核心生产要素的深入研究和分析,得出一个结论:在这个充满变化和竞争的时代,找准并优化自身的核心生产要素,进行精细化的管理,并保持持续创新,是各行业成功的关键所在。

三、行业预见

理解技术的本质是理解行业发展和变革的关键,因为技术的进步常常是推动行业变革的最大动力。每个行业的发展都离不开技术的驱动。因此,理解和预测技术的发展趋势,可以帮助我们提前把握行业的未来走向。比如,从移动互联网到物联网,再到5G和人工智能,我们可以看到信息技术的发展趋势是越来越强调实时、智能和个性化。同时,了解行业的未来,技术的应用范围和深度也是衡量行业发展的重要指标。比如,人工智能技术已经渗透到了各个行业和领域,从医疗健康、金融投资,到智能家居、自动驾驶,再到教育、娱乐,其应用的广度和深度都在不断扩大。

每一次技术的重大突破,都有可能带来行业的破局。因此,关注和研究那些具有破局能力的新技术,可以帮助我们预见行业的未来变革。比如,区块链技术的出现已经对金融行业造成了深远影响,预示着未来可能出现一个去中心化的、基于信任的新型金融系统。

技术的发展不仅影响行业,也影响社会。因此,考虑技术的社会影响,可以帮助我们从更大的视角理解行业的发展。比如,人工智能技术的发展,不仅改变了IT行业,也对劳动力市场、教育模式等方面产生了深远影响。

当我们从技术发展的角度来预测未来行业的走向,可以打破传统的思维限制,因为技术进步往往会引发行业的重大变革。接下来,我们将尝试从未来发展的角度来对一些具体行业进行预测和展望,以期为行业从业者提供一些可能的方向和看待行业未来发展的思维。然而,需要明确的是,这种预测更像是一种创新思维的飞跃,并不一定能完全准确地预见行业未来。

1. 未来的汽车

我们当前正处于由新兴造车力量所主导的变革时代,无人驾驶技术成为公众对于汽车短期未来的普遍预期。尽管特斯拉等业内领导者已经开始在无人驾驶领域取得实质性进展,但这项技术的普及程度仍然有限。因此,我们不禁要问,无人驾驶是汽车智能化的最终方向吗?答案显然并非如此。

未来的汽车,可能超乎我们的想象,我们预测未来汽车将朝着"陪伴保护型"方向进行产品定位。未来汽车的方向应该不会是速度的追求,未来交通工具在速度的体现上会避开空气阻力,朝着真空管道运行的方向发展。而汽车在速度方面将出现需求剩余,从而转向一种陪伴保护型的功能发展。随着6G以及更高电子通信技术的出现和成熟,无人驾驶将很快实现。6G、混合现实(MR),以及相关大健康技术都在为未来"陪伴保护型"汽车做技术铺垫。6G网络的出现,将使汽车能够实现更高效的数据传输和处理,提高自动驾驶的安全性和准确性。同时,6G网络还将使汽车可以更好地与其他车辆、基础设施以及云端服务进行通信和交互，从而实现更智能的导航、诊断和优化。而MR技术的发展将大大丰富汽车的娱乐功能。可以想象，在未来的汽车中，乘客可以通过MR眼镜进入一个虚拟的娱乐世界，观看电影、玩游戏、和远方的朋友进行虚拟的社交活动，甚至可以做到穿越二次元世界的线上旅行。

此外，人工智能也将在未来的汽车中发挥重要作用。人工智能语音助手将能够模拟各种人声和动物声音，与乘客聊天和互动，提供个性化的陪伴。同时，人工智能还将通过监测乘客的生理信号和行为数据，提供健康管理和情绪疏导的服务，从而实现保护乘客人身安全的功能。

在未来的汽车中，健康管理将成为一个重要的功能。汽车可以实时监测乘客的生理信号，如心率、血压、血氧饱和度等，以及乘客的行为数据，如坐姿、表情、语音等。这些数据将被用来评估乘客的健康状况和情绪状态。当乘客的生理信号或行为数据出现异常时，汽车可以立即采取行动。例如，如果检测到乘客的心率过快或者血压过高，汽车会自动调整座椅的位置和温度，或者播放舒缓的音乐，来帮助乘客放松和缓解压力。如果检测到乘客显得焦虑或者紧张，汽车可能会通过人工智能语音助手进行对话，帮助乘客平复情绪。甚至在更紧急的情况下，汽车可以自动呼叫救援，或者将车辆直接驾驶到医疗救护中心。此外，汽车还可以定期提醒乘客进行健康检查，或者给出健康建议，如提醒乘客定期休息、保持良好的坐姿等。

因此，我们可以期待，在乘坐未来的汽车时，我们将不仅能享受到便利的出行和丰富的娱乐，更能享受到全面的健康保护，从而实现真正意义上的"陪伴保护"。

2. 未来的教育

在"大数据与人工智能"部分，本书讨论过生成式人工智能的到来将会引起人类学习方式的转变，那是因为未来将会有越来越多的生成式结果由人工智能自动完成。人类的学习重心将逐步摆脱记忆加工式学习，而转向思考性训练。那么，这将会给教育带来怎样的变革？我们可以畅想一下。

随着全球人均GDP的提升，越来越多的国家正在步入发达国家的层次。伴随着经济发展的同时，人口出生率也在逐渐下降（图6.1）。当前的教育体系主要面向20年前人口出生率较高的那一代人。然而，现在的新生儿出生率已经下降，预计未来教育需求也将随之减少。这一趋势可能在短期内开始显现，3~5年后，在幼儿园和小学阶段，入学人数可能会减少。这种变化将导致一段时间内，部分国家的教师出现剩余。在这种情况下,教育方式将有很大可能转向小班化和个性化教学。生成式人工智能的出现,将促使这种教学方式转变的需求变得更加明显。目前,中国的人口红利正在消退,可能会成为率先进入这种教育模式变革的国家之一。

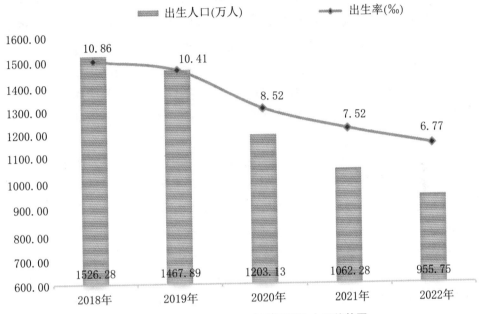

图6.1　中国2018—2022年中国新生人口趋势图

那么,当小班教学和个性化教学的需求产生,以及先进技术在教育领域的应用深度逐步提升,它们将如何具体地改变未来的教育呢?

未来的教学将通过虚拟环境实现,学生可以通过使用VR眼镜进入虚拟实验室进行各种复杂的实验操作,与像爱因斯坦这样的科学家一起进行实验,提升学习的趣味性和互动性。学生在学习历史时,可以观看历史事件的立体重演,以更好地记忆和理解。在学习语文时,学生可以与古代圣贤、将军、皇室和百姓一起体验吟诗作赋的过程。而对于学习音乐和舞蹈的学生们,他们甚至可以与自己的偶像进行共舞和歌唱。这种寓教于乐的学习方式将为学生提供更加丰富和互动的学习体验。

随着大数据技术的进一步发展和非侵入式脑机接口技术的成熟,学生们在接受教育的同时,可以实时生成全系统性的学习分析。通过读取学生的脑电波数据,我们可以了解他们的理解程度和情绪状态,从而进行个性化的教学反馈。这种个性化教学可以根据每个学生的学习效果进行分析,帮助他们更好地掌握知识和技能。

特别是对于特殊人群的教育或特殊行业的培训,脑机接口技术将扮演重要角色。通过捕捉脑电波信息，脑机接口可以快速切入虚拟心理咨询教室，及时进行心理咨询和干预。这种个性化的心理支持可以帮助特殊人群更好地应对学习和生活中的挑战，提供更全面的教育和培训服务。

在这个基础上，生成式人工智能将帮助教师进行个性化教学方案的制定。通过生成式人工智能的支持，教师可以设计出更加丰富多样的教学内容，以满足不同学生的学习需求。举例来说，人工智能系统可以根据每个学生的学习速度和理解程度，自动生成相应的学习计划和题库，使教学更加适应个体学生的特点。

随着6G通信和云计算技术的应用，学习将不再受时间和空间的限制。学生将摆脱被时间安排学习的束缚，时间将成为人类的"仆人"。学习将变得更加灵活和便利，学生可以根据自己的时间安排和学习节奏，随时随地获取所需的学习资源和支持。

未来，个性化、实时反馈、深度参与和实验式学习将成为教育的新常态。教育不再是单向的教师对学生的教授，而是一个多元参与、持续反馈的过程。在这个过程中，教师、学生、教育技术和教育内容将形成一个互动的学习生态系统。而这种未来的教育模式，都将由这些正在不断发展和进步的新兴技术来实现。

生成式人工智能将会代替越来越多的生成工作，这让我们的教育目标在某些领域不再是为具体工作培养人才。同时，具体的行业也因为生命周期而不断地被代替被淘汰，社会的大多数将无法看清未来社会需要的具体工种。这些都预示着我们未来将很可能终身学习。量子计算和云计算等技术将会对大多数人群建立档案，人类会将现有的工种需求建立标准。人才的选拔将会直接在互联网上进行标准比对和远程MR环境里的考核。工作岗位设置单位、机构、企业将根据经计算机标记的符合标准的人才进行选拔录用。而从事基础研究人才则很可能进行定向培养，通过小群体培养模式长期进行下去。

3. 未来的医疗

在未来的医疗世界，可能的想象空间是无限的。这是一个无法用常规医疗知识理解的全新领域，但它完全有可能被尖端科技重塑。

量子计算机的到来可能会让我们重新定义"诊断"。当下的诊断过程是医生对症状的解读和病情的推断，但在量子医疗中，可能的疾病模型会被提前构建在量子计算机中，量子计算机的并行计算能力使得所有的可能性都可以被同时考虑，最终提供最准确的诊断结果。同时，未来的医疗人工智能不再是被动的工具，而是可以主动地提出诊断和治疗建议。人工智能医生将通过患者的生物数据、生活习惯、遗传信息等多方面信息,制订完全个性化的健康管理计划,从而实现从疾病治疗向疾病预防的转变。而MR技术则可能彻底改变手术的形式。在虚拟环境中,医生可以在现实中难以完成的微观层面进行手术操作,甚至可以将手术过程编程,由机器人精确执行,大大降低了手术风险。

再看癌症治疗。在技术的驱动下,我们可能会研发出具有智能化和个性化的抗癌疗法。例如,可以基于患者的个人基因组信息,制定个性化的抗癌治疗方案。AI系统能通过深度学习模型预测患者对特定药物的反应,以及药物间的相互作用,从而为患者筛选出最有效、副作用最小的治疗方法。通过MR技术,医生可以在虚拟环境中进行手术模拟,预测手术结果,甚至模拟药物在体内的分布和作用过程,更精确地评估治疗效果。

在这个基础上,探索未来医疗领域可能出现的更多变化。

一是传染病预控更精准。

未来,我们可能会有全球疫苗链网络,这是一个利用区块链技术建立的全球疫苗分发和追踪系统。在这个系统中,每一剂疫苗的生产、运输和接种信息都将被记录在区块链中。这为全球公共卫生机构提供了实时监控疫苗分布和使用的可能性,使它们能够及时地进行疫情预警和响应。不仅如此,这个系统还保证了疫苗的透明度和公正性,提升了公众对于疫苗的信任度。这种网络的搭建,将对全球性疫情起到极好的防护作用。

然而,预防和控制传染病并不仅仅是分发和接种疫苗那么简单。我们还需要提前知道疫情可能发生的地方,以及疾病可能通过何种途径传播。在这方面,人工智能将发挥至关重要的作用。我们可以利用人工智能技术收集和分析大量的健康和环境数据,包括人口的移动模式、气候变化、人口密度以及公共卫生设施等。这些数据能够帮助我们预测特定地区的疫情风险,从而可以在尽早制定和实施防控措施。

与此同时,量子计算也将在预防和控制传染病上扮演重要角色。相比于传统计算机,量子计算机在处理复杂问题上具有显著优势。在未来的传染病预防控制中,我们可以使用量子计算机来模拟疾病在人群中的传播过程,这将帮助我们更好地理解疾病的传播模式,并能准确预测疾病的传播速度和范围,进而制定出更有效的防控策略。

二是电子生命或将建立。

未来的医疗可能将不再局限于生物体。人类可能会探索电子生命的领域。电子生命可以被用作一个强大的模拟工具,用于研究和实验各种疾病的发展过程和可能的治疗方法。而在这个环境中,每个病患个体都可以有他们的电子生命版本,这将提供一个安全的环境,医生可以在这个模型中测试不同的治疗方法,以确定最有效的治疗方案。此外,电子生命也可以被用于模拟和研究生物系统的行为,包括细胞和微生物的行为,从而进一步提高我们对生命科学的理解。电子生命在医学和生物科学中的应用将具有巨大的潜力和价值。

三是全球化医疗服务或将来临。

借助区块链技术,未来的医疗数据将被全面数字化和去中心化。所有的医疗数据,包括病历、检查结果、用药记录等,都可以被安全地存储在区块链上,形成一个全球范围内的、无法篡改的医疗数据网络。这意味着,无论患者走到哪里,只要授权,任何医生都能立即获取他们的医疗历史,为他们提供连贯和一致的医疗服务。这将对未来身患慢性疾病的人群异地发病或需要寻求异地医疗服务的重症人群带来实质性的福祉。

四是生命银行或将出现。

在未来,我们可以预见一种可能的趋势:随着科技的持续发展和医疗保健领域的进步,"生命银行"或将诞生。生命银行是一个提供个人健康和生命数据存储与管理的平台,旨在提供个性化的健康管理和医疗服务。它通过存储和分析个人的健康数据,从而提供针对性的健康管理建议和预防性医疗措施。

生命银行可以被视为一种创新的寿险模式。在这种模式下,客户需要支付一笔费用,换取的是该机构提供的年龄存活保障。举例来说,如果你投入100万元,那么生命银行将承诺你至少能够活到85岁。

在生命银行中,个人可以将其健康数据、基因组信息、医疗记录等存储在一个安全的数字平台上。这些数据可能包括个人的疾病历史、遗传信息、生活习惯、生理监测数据等。生命银行将运用先进的数据管理技术,确保个人数据的隐私和安全,并依据这些数据提供个性化的健康管理建议和服务。

生命银行的出现可能有助于我们更好地管理和理解自己的健康状况,实现个性化的医疗和健康管理。通过将个人的健康数据与先进的算法和人工智能相结合,生命银行能提供个性化的健康风险评估、预防措施建议,以及医疗方案选择。人们可以通过移动设备或其他在线终端随时查阅自己在生命银行的记录,以获取个性化的健康建议和医疗服务。

4. 纸币或将消失

在数字化时代,技术的不断创新和应用正在深刻改变我们的生活方式。在金融领域,区块链技术和加密货币已经引起了巨大的关注和影响。同时,随着MR技术的不断进步,我们的支付方式和货币形态也可能发生根本性的变革。

随着区块链技术的不断成熟和应用,人们开始意识到其在金融领域的潜力。区块链技术的去中心化、安全性和透明度等特点使其成为一种理想的交易记录和管理工具。加密货币作为区块链技术的应用之一,通过使用密码学技术确保交易的安全性和匿名性,提供了一种全新的数字支付方式。随着越来越多的人接受和使用加密货币,传统纸币的需求和重要性可能会逐渐减弱。

与此同时,MR技术的不断进步也为支付方式带来了新的可能性。MR技术通过将虚拟信息与现实世界融合,为用户创造出全新的交互体验。例如,利用MR技术,用户可以通过智能眼镜或设备在现实场景中进行数字支付操作,无需使用纸币或信用卡。用户可以通过简单的手势或语音指令完成支付,享受更便捷和安全的支付体验。这种无纸币支付方式的出现可能会进一步减少对纸币的需求。

在区块链技术和MR技术的推动下,纸币消失的可能性正在逐渐增加。随着加密货币的普及和接受度的提高,越来越多的人认识到其便捷性和安全性,逐渐放弃了传统的纸币支付方式。与此同时,MR技术的发展使得无纸币支付成为现实,进一步削弱了纸币的地位。加上区块链技术的去中心化和透明度,使得货币交易更加安全和可追溯,减少了对纸币作为交易媒介的需求。此外,纸币的使用还存在一些问题,如易被伪造、难以追踪和储存不便等。这些因素都加速了纸币可能消失的趋势。

尽管区块链技术、加密货币和MR技术的崛起为纸币消失提供了条件,但纸币是否最终消失还取决于社会的接受程度、技术的普及和发展,以及文化和习惯的转变。然而,可以预见的是,在数字化时代,支付方式将逐渐向无纸币支付转变,人们将更多地依赖电子支付、加密货币和MR技术来进行交易,而纸币作为一种支付媒介的地位可能会逐渐减弱,甚至可能最终消失。

在我们的讨论和预测中,一个核心主题始终贯穿其中,那就是技术发展对于行业变革的重要性。从汽车的未来到教育、医疗,甚至纸币的未来,每个预测的核心都围绕着科技的进步和应用。我们看到的是一个由技术驱动的未来,各行各业都将受到科技变革的深刻影响。

这些预测的目的,并不在于形成一个准确无误的未来图景,而是在于提供一种基于技术发展视角的思考框架。这种视角允许我们从新的角度去理解和预测行业的未来发展,帮助我们更好地适应和利用技术变革带来的机遇。

理解技术的本质与进展,预见并应对它在各个领域中可能带来的影响,是我们时代的重要任务。无论是人工智能、6G、MR,还是量子技术、区块链,每一项新兴技术的突破，都有可能重塑行业格局，引发深远的社会变革。

在技术飞速发展的今天，我们的理解和预见的深度，将在很大程度上决定我们把握未来、引领变革的能力。这不仅关乎每一个行业的命运，更关乎我们作为个体在面对未来时的准备和应变。

因此，虽然未来充满了不确定性，但我们对技术进步的理解和预期，使我们有能力面对并塑造这个未知的未来。希望本书提及的这些预测，能为读者们提供一种新的视角，引导他们理解并应对技术驱动的未来。

后　记

感谢您阅读这本书。在这场深度的技术探索之旅中,我们从本源之力和难以识别的本质出发,深入讨论了认知技术本质的必要性和复杂性。我们依据人类文明发展史的历史进程,详细例举并展示了农业、机械、电子、人工智能(软件)等行业技术的发展路径,深入分析了自然依赖程度对行业技术发展边界的影响,以及不断发展的人类欲望是如何驱动技术的行走路径。此外,我们还从我国的实际情况出发,并通过对合肥发展模式的观察与思考,分析了技术的本质与发展在中国与在西方的区别之处。最后,我们基于对技术本质的理解和大量的实际观察结果,形成属于我们自己的行业洞见。

在这个探索的过程中,我们一直在思考,在布莱恩·阿瑟和凯文·凯利之后重新讨论技术的本质意义到底在哪? 我们知道,我国现在处在一个独特的历史节点,即处在快速发展和经济形态向数字经济转变的关键时期。其经济体制有别于西方的纯粹自由的市场经济。在改革开放,特别是21世纪之后,我国在经济、科技、政治等方面的国际地位日益提升。然而,这种进步虽然离不开在世界大经济环境中的参与,但也必须肯定,我国在这个过程中不断摸索和开创适合自己发展的特有模式。在这种情况下,如果说技术本质的理论框架能对经济发展起到积极作用的话,无论是阿瑟的《技术的本质》还是凯利的《科技想要什么》,可能都无法完全适用于我国的现状。在面临新的挑战和机遇的时候,我们需要以亲历者的目光重新审视和思考技术的本质以及如何更好地发挥基于这种思考和观察的实践作用。

我们希望通过这本书，能够为市场与政策制定者提供一些新的视角和思考。我们期望揭示的不仅仅是技术本身的演变，更重要的是探讨技术在中国特有的社会经济环境中如何发挥其应有的作用，以期帮助我们更好地理解和应对技术的快速发展，更好地把握未来的机遇。

此外，本书也是我们对技术与社会互动的一次深度探索，是我们对上千家企业的观察和咨询经验的总结与思考。每一个章节，每一个案例，都代表了我们对技术发展及其影响的深度理解和反思。我们希望通过这本书，读者能够更好地理解技术的本质，更好地应对和利用技术带来的机遇和挑战。

在未来的世界里，技术将越来越成为驱动社会发展的主要力量，理解技术，就意味着理解未来。然而，要理解技术，不仅需要深厚的专业知识，更需要一种开放的思维方式，一种持续学习和探索的精神，这就是我们写这本书的初衷。我们希望，阅读本书能激发大家对技术的兴趣和热情，帮助大家建立一种全新的技术观，为在这个数字化的世界中谋求发展提供思维的导向。

虽然我们在这本书中尽力提供了关于技术的洞见和思考，但是我们也清楚，这个领域的研究永远没有尽头。因为技术是一种力量，它不断地推动我们的社会向前发展，它在不断地塑造着我们的未来。因此，我们需要保持一种开放和进取的心态，不断学习，不断探索，不断适应这个世界的变化。

在此，我们要感谢每一个读者，感谢您对这本书的关注和支持。我们希望本书能成为您理解技术、理解未来的一把钥匙，帮助您在这个快速变化的世界中找到自己的方向，实现自己的价值。

在未来的日子里，我们将一直陪伴您，一起学习，一起成长。期待在技术的海洋中，与您共同探索，共同创造更美好的未来。再次感谢您的阅读，期待我们在未来的探索中再次相遇。